AF366048

PRÉCIS

D'ANALYSE QUALITATIVE

Paris. — Imp. Gauthier-Villars, 55, quai des Grands-Augustins

PRÉCIS

D'ANALYSE QUALITATIVE

RECHERCHE DES MÉTALLOIDES ET DES MÉTAUX USUELS

DANS LES MÉLANGES DE SELS,

LES PRODUITS D'ART ET LES SUBSTANCES MINÉRALES

Par L. BABU,

Ingénieur des Mines.

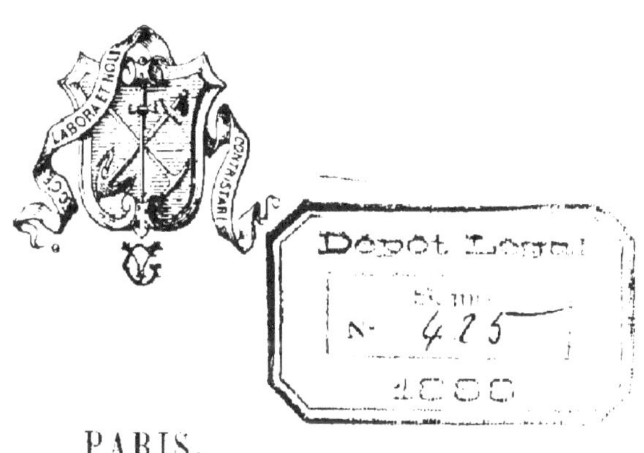

PARIS,

GAUTHIER-VILLARS, IMPRIMEUR-LIBRAIRE

DU BUREAU DES LONGITUDES, DE L'ÉCOLE POLYTECHNIQUE,

Quai des Grands-Augustins, 55.

1888

PRÉCIS

D'ANALYSE QUALITATIVE.

INTRODUCTION.

Les recherches qualitatives sont utilisées en Chimie analytique pour un triple but :

1° Déterminer dans une substance solide ou liquide la présence ou l'absence d'un corps donné ;

2° Vérifier la pureté d'un corps, par exemple d'un précipité ;

3° Déterminer tous les éléments qui entrent dans une substance.

Dans les analyses courantes, on n'a généralement à s'occuper que des composés simples des métalloïdes et des métaux usuels; ce sont les seuls que nous considérons ici.

Pour mettre un corps en évidence, on cherche soit à l'isoler, soit à produire un composé de ce corps, gazeux, liquide ou solide, facile à reconnaître. Les procédés et les réactifs employés à cet effet se divisent en trois groupes destinés : 1° à la volatilisation; 2° à la dissolution; 3° à la précipitation. L'étude des *changements d'état* constitue la première Partie de ce Traité.

Le but que nous avons poursuivi dans la seconde est d'indiquer : 1° les *réactions caractéristiques* des métalloïdes et des métaux ou de leurs composés ; 2° la *sensibilité de ces réactions.*

Enfin la troisième Partie est consacrée à la *marche systématique de l'Analyse qualitative* et à l'application de celle-ci à quelques exemples.

Tous les Traités actuels d'Analyse qualitative semblent s'adresser à des chimistes expérimentés. ils sont insuffisants pour les élèves. Les uns trop complets citent une foule de caractères au milieu desquels il faut faire un choix le plus souvent très difficile ; les autres, au contraire, soi-disant Traités élémentaires, indiquent seulement la méthode dichotomique, très simple sur le papier, mais qui, dans la pratique, suppose des chimistes infaillibles ne faisant jamais d'erreurs d'expériences.

Nous nous sommes efforcé ici de choisir les méthodes les plus sûres, en indiquant pour chacune d'elles les difficultés, les causes d'erreur et le degré de sensibilité, toutes choses que nous avons déterminées par des expériences personnelles.

PREMIÈRE PARTIE.

CHANGEMENTS D'ÉTAT.

I. — VOLATILISATION

1. Les phénomènes de volatilisation jouent un rôle très important dans l'Analyse qualitative des substances minérales. Quelquefois nos sens reconnaissent immédiatement le corps volatilisé; l'odorat est un juge infaillible de la présence d'un grand nombre de métalloïdes ou de leurs composés (acide sulfhydrique, acide hypochlorique, ammoniaque, arsenic, etc.); la coloration communiquée aux flammes est un caractère certain des alcalis fixes, des alcalis terreux; quelquefois même, pour la soude et l'acide borique par exemple, c'est le seul caractère. D'autres fois, on constate par des procédés plus ou moins simples les propriétés chimiques ou physiques du composé gazeux (acide carbonique, fluorure de silicium, hydrogène arsénié, zinc, etc.).

Certains corps sont gazeux à la température ordinaire ; il suffit pour les avoir à cet état soit simplement de les déplacer par substitution, soit de les faire entrer dans des composés plus ou moins complexes.

C'est ainsi que dans le premier cas on dégage les acides volatils (acides carbonique, sulfhydrique, etc.) par l'action des acides fixes à la température ordinaire et l'ammoniaque par les alcalis fixes.

Dans le second cas, il faut faire intervenir des réactions plus compliquées, par exemple pour produire le fluorure de silicium et les hydrogènes arsénié et antimonié.

Le plus souvent il faut avoir recours à l'action de la chaleur ; et là encore, ou bien il suffit de dégager un corps volatil de composés fixes, par exemple l'acide borique des borates, ou bien il faut produire un composé volatil par réduction, oxydation, chloruration, etc. (mercure, zinc, acide arsénieux, acide sulfureux, chlorures alcalins et alcalino-terreux, etc.).

Les appareils que nous employons pour les phénomènes de volatilisation sont :

1° L'appareil de Marsh.
2° Le bec Bunsen,
3° Le chalumeau,
4° Les tubes bouchés,
5° Les tubes ouverts.

2. 1° *L'appareil de Marsh* n'est utilisé que pour faire passer l'arsenic et l'antimoine à l'état d'hydrogène arsénié et d'hydrogène antimonié.

Il se compose : 1° d'un flacon à deux tubulures, contenant de l'eau en quantité suffisante pour le remplir à moitié et des grenailles de zinc pur; 2° de deux tubes. Le premier tube est muni d'un entonnoir, par lequel on introduit dans le flacon l'acide sulfurique pur et la liqueur acide contenant l'arsenic; le second est recourbé à angle droit et effilé à ses deux extrémités. Vers le milieu de la partie de ce tube, qui pénètre dans le flacon, est ménagée une ouverture par laquelle les gaz entrent dans le tube; grâce à cette disposition, le liquide entraîné se dépose et retombe dans le flacon.

Afin d'éviter les explosions, il faut faire marcher rapidement le dégagement d'hydrogène pendant au moins un quart d'heure avant d'allumer.

Le zinc pur n'est attaqué que très lentement; on active le dégagement gazeux en introduisant dans le flacon quelques gouttes de sulfate de cuivre bien pur.

Il convient avant tout de s'assurer de la pureté des réactifs. On règle le dégagement de manière que la flamme ait tout au plus $0^m,01$ de longueur, et on la coupe par l'intérieur d'une capsule. On fait mouvoir lentement la porcelaine, qui ne doit pas ensuite présenter de taches sensibles.

3. 2° Le *bec Bunsen* est employé, soit simplement comme source de chaleur, soit comme flamme et source de chaleur pour la production des flammes colorées, soit comme agent d'oxydation ou de réduction. La substance à chauffer est placée dans un tube bouché ou sur la boucle du fil de platine.

Nous distinguerons dans la flamme non éclairante du bec Bunsen trois régions :

(*a*) Le cône bleu au centre est formé par le mélange de gaz et d'air non encore combinés.

(*b*) La zone qui possède une légère teinte violacée est la zone la plus chaude. C'est là que sont fondues les perles et qu'a lieu la volatilisation des composés alcalins et alcalino-terreux. On emploie comme support un fil de platine, qu'il est commode d'enchâsser à une extrémité dans un tube de verre ; à l'autre extrémité est une boucle de $0^m,003$ de diamètre.

(*c*) La zone incolore, tout à fait extérieure, est moins chaude que la précédente, mais elle est particulièrement propre aux oxydations. On l'utilise pour la production des flammes colorées de corps très volatils, comme l'acide borique, sans que la présence des corps plus fixes occasionne aucune gêne.

Pour étudier la coloration de la flamme, s'il s'agit d'un liquide, on y plonge simplement la boucle du fil de platine qu'il convient ensuite, suivant les cas, de sécher ou non ; s'il s'agit d'un solide, on l'humecte avec un liquide approprié qui peut être de l'eau, de l'acide chlorhydrique, du chlorhydrate d'ammoniaque ou de l'acide sulfurique. Quelquefois on y ajoute d'autres réactifs, comme le spath fluor et le bisulfate de potasse. Avant chaque expérience, il convient de nettoyer le fil à l'acide chlorhydrique.

Les principales colorations sont données :

1° Dans la zone extérieure (c) par :

L'acide borique . . coloration verte ;
L'oxyde de cuivre en
   présence de l'acide
   chlorhydrique . .   —   bleu d'azur.

2° Dans la zone (b), par :

La soude . . . . . coloration jaune ;
La potasse. . . . .   —   bleu violet ;
La baryte . . . . .   verte ;
La strontiane . . .   —   rouge pourpre ;
La chaux . . . . .   rouge jaunâtre ;

On arrête tous les rayons jaunes, et en particulier tous les rayons de la soude et de la chaux, par le verre bleu de cobalt ou par la cuve à indigo. Cette cuve a généralement la forme d'un prisme.

dont les faces sont formées par des lames de verre planes. On la remplit par une dissolution d'indigo filtrée, obtenue en dissolvant 1 partie d'indigo dans 8 parties d'acide sulfurique concentré et étendant de 1500 à 2000 parties d'eau. On l'utilise particulièrement pour rechercher la potasse et la strontiane. La flamme de la potasse paraît alors rouge.

4. 3° Le *chalumeau*, qu'il est inutile de décrire ici, sert à produire, avec une bougie ou une lampe à essence, soit simplement une flamme chaude, soit une flamme chaude jouissant de propriétés réductrices ou de propriétés oxydantes.

Ce n'est que par l'expérience qu'on arrive à produire à volonté une flamme oxydante ou une flamme réductrice. La première légèrement violacée, presque incolore, très chaude, s'obtient lorsqu'on introduit le bec du chalumeau dans la flamme ; la seconde, moins chaude, consiste en un cône brillant entourant un cône obscur de gaz non brûlés ; on l'obtient en plaçant le bec du chalumeau hors de la flamme ou sur son bord extrême : de plus, la flamme doit être assez grande. Le corps à réduire est dans une cavité pratiquée dans un morceau de charbon de bois. Si le corps réduit est volatil et que ses vapeurs s'oxydent à l'air, la cavité s'entoure d'auréoles ou d'enduits, dont les propriétés sont quelquefois caractéristiques (pour le zinc, par exemple).

5. 4° Les *tubes bouchés* servent pour les phénomènes de volatilisation simple ou avec réduction. Ils sont en verre et ont environ $0^m,003$ de diamètre intérieur; leur longueur est suffisante pour qu'on puisse les tenir à la main tout en chauffant une de leurs extrémités. Il est bon de les chauffer avant de s'en servir; on enlève ainsi les traces d'humidité qui font adhérer aux parois les fines poussières. On y introduit gros comme un pois de la substance à essayer, soit seule, soit mélangée avec certains flux réducteurs. On chauffe au chalumeau ou au bec Bunsen. Il faut avoir soin de tenir le tube incliné, afin que le voisinage de l'extrémité ouverte reste froid.

Les substances volatiles dégagées se condensent dans la partie froide, l'eau, sous forme de gouttelettes incolores, le mercure sous forme de gouttelettes brillantes, le soufre en un anneau jaune. L'arsenic donne un anneau brun noir brillant, en même temps que se répand dans l'air une forte odeur d'ail.

Comme flux réducteur, on emploie un mélange de charbon en poudre et de carbonate de soude, qu'on a soin de bien dessécher.

6. 5° Les *tubes ouverts*, également en verre, ont à peu près même diamètre et même longueur que les tubes bouchés. Ils sont légèrement coudés au voisinage d'une des extrémités.

Ils servent pour les grillages et les réactions oxydantes. La substance bien porphyrisée est introduite dans la partie coudée, qu'on chauffe avec le dard du chalumeau. On peut aussi diriger la flamme oxydante sur la matière elle-même par la petite branche du tube. Dans tous les cas, la matière se grille et laisse dégager les oxydes volatils, dont quelques-uns se condensent dans la grande branche froide. C'est ainsi qu'on obtient les anneaux blancs d'acide arsénieux. Le grillage des sulfures donne de l'acide sulfureux, reconnaissable à son odeur.

II. — DISSOLUTION.

La dissolution est utile à un double point de vue :

Elle sert à caractériser certains corps, soit par la solubilité même de ces corps, soit par les phénomènes de coloration qu'on produit dans les dissolutions ;

Elle précède forcément la précipitation.

Dissolution dans l'eau.

7. L'eau est le dissolvant presque uniquement employé. Quelques substances seules y sont directement solubles ; les autres doivent d'abord être transformées en composés solubles, généralement

sels simples ou sels doubles. On fait passer les métaux à l'état d'azotates ou de chlorures, presque tous solubles; les métalloïdes sont combinés aux alcalis, de façon à donner des sels alcalins solubles.

Certains corps donnent des sels solubles par l'action directe d'un acide ou d'une base convenablement choisis; c'est ainsi que les alliages sont transformés en azotates ou en chlorures, et le quartz en silicate de potasse. Mais souvent aussi il faut avoir recours d'abord à la double décomposition, par exemple pour dissoudre les sulfates et la plupart des substances minérales autres que les carbonates et les sulfures.

Les réactifs utilisés pour amener les corps à étudier à l'état soluble sont :

1° L'acide chlorhydrique,
2° L'acide azotique,
3° L'eau régale,
4° Les carbonates alcalins,
5° La potasse et le nitre,
6° Le bisulfate de potasse.

Après avoir essayé la dissolution dans l'eau bouillante, on essaie successivement ces réactifs dans l'ordre indiqué, à moins que l'examen du corps n'indique immédiatement le réactif le plus convenable pour la dissolution.

Lorsqu'on fait agir l'eau ou un acide, la dissolution peut être complète ou partielle. Si le corps

est complètement insoluble, on s'en assure en évaporant quelques gouttes de la liqueur sur une lame
de platine, qui ne doit pas ensuite présenter de
taches. Avec l'eau régale, il faut remplacer le platine par une capsule en porcelaine.

Quel que soit le corps qu'on ait à dissoudre, il
convient de le porphyriser aussi finement que possible, afin d'éviter des pertes de temps et des hypo-
thèses fausses sur la nature de la substance. Le
temps employé à cette opération mécanique est vite
regagné à cause de la rapidité beaucoup plus grande
de l'attaque. Le nombre des points d'attaque
et, par conséquent, la rapidité de la dissolution
est, en effet, proportionnel à la somme des sur-
faces des grains; or, cette somme augmente en
raison inverse du carré des diamètres des grains de
la substance, tandis que le temps employé à porphyriser n'augmente guère que d'une façon inver-
sement proportionnelle à la première puissance de
ces diamètres.

On essaie l'action de l'eau et des acides dans de
petits ballons. On ajoute peu à peu les acides à la
poudre fine, mise en suspension dans un peu d'eau,
et l'on fait bouillir.

8. 1° L'*acide chlorhydrique* transforme en
chlorures solubles un grand nombre de métaux et
d'oxydes libres ou combinés à un acide insoluble
ou volatil. Certains sels à acides solubles et non

volatils se dissolvent également en se transformant en sels acides solubles; on dissoudra ainsi les phosphates, les oxalates, etc.

Il y a dégagement d'hydrogène (métaux, alliages), d'acides volatils (carbonates, sulfures, etc.) ou précipitation d'un acide insoluble (borates, silicates). L'action sur les oxydes est plus complexe; souvent il y a réduction et formation de protochlorures (oxydes supérieurs de manganèse, sesquioxydes de nickel, de cobalt; bioxyde de plomb, etc.): suivant la nature de l'oxyde et la manière dont l'opération est conduite, il se dégage du chlore ou de l'oxygène. L'oxydule de mercure fait cependant exception; il est transformé en bichlorure par une longue ébullition avec l'acide chlorhydrique.

On doit préférer l'acide chlorhydrique à l'acide azotique pour dissoudre les corps; le traitement par l'hydrogène sulfuré, presque toujours nécessaire dans la suite, est beaucoup plus facile en liqueur chlorhydrique.

Un résidu solide est souvent dû à la présence de l'argent, du mercure ou du plomb, dont les chlorures sont insolubles; il est d'ailleurs facile de reconnaître ces corps.

Pour que l'attaque ait lieu le plus vite possible, on ajoute l'acide par petites quantités, et l'on a soin, avant chaque nouvelle addition, de séparer dans un vase à part l'acide épuisé qui a déjà bouilli avec la substance; celle-ci est alors constamment en présence d'acide frais et concentré, dont l'action est beaucoup plus énergique et beaucoup plus rapide.

Cette manière d'agir est la seule qui permette de dissoudre à peu près complètement les minerais de fer oxydés; quant aux minerais oxydulés, on est, en général, obligé de les réduire d'abord par l'hydrogène.

9. 2° La plupart des oxydes métalliques se dissolvent en présence de *l'acide azotique;* il en est de même d'un grand nombre de sels insolubles dans l'eau, et dont l'acide est partiellement ou totalement déplacé.

Les métaux et les sulfures sont d'abord oxydés et dégagent des vapeurs rutilantes, puis l'oxyde formé se dissout dans l'acide en excès. L'attaque des sulfures donne aussi des sulfates.

Tous les métaux et alliages sont attaqués par l'acide azotique, sauf l'or et le platine. Cependant l'argent des alliages d'or et d'argent, très riches en or, n'est que difficilement attaqué; et, par contre, les alliages d'argent et de platine contenant peu de ce dernier corps, se dissolvent entièrement. L'étain et l'antimoine sont oxydés, mais l'acide stannique et l'acide antimonique formés sont peu solubles.

Tous les sulfures sont attaqués d'une manière bien complète par l'acide azotique bouillant, sauf le sulfure de mercure.

10. 3° L'*eau régale* s'obtient en ajoutant à de l'acide chlorhydrique une plus ou moins grande proportion d'acide azotique. C'est un oxydant beaucoup plus énergique que l'acide azotique, et qu'on emploie surtout pour l'attaque des minéraux sulfurés et des alliages contenant de l'or ou du platine.

Afin d'éviter, autant que possible, un excès d'acide azotique et la transformation en sulfate du soufre des sulfures, on traite d'abord la substance par l'acide chlorhydrique, on fait bouillir et l'on ajoute l'acide azotique par petites portions jusqu'à ce que la dissolution des corps attaqués soit complète. Dans tous les cas, on considère la liqueur comme contenant de l'acide chlorhydrique et des chlorures, de l'acide azotique et des sulfates. La matière insoluble contient : la partie insoluble du corps en expérience, tout l'argent à l'état de chlorure, une partie du plomb à l'état de chlorure et surtout de sulfate, des oxydes d'étain et d'antimoine.

Les métaux sont toujours au maximum d'oxydation.

L'attaque de certains sulfures, lente par l'acide azotique, est très rapide par l'eau régale. Celle-ci est nécessaire pour l'attaque du cinabre. On constate fréquemment la mise en liberté de soufre qui nage en paillettes ou se rassemble en un globule, soit à la surface, soit au fond du liquide.

11. 1° Les *carbonates alcalins* agissent sur les corps par double décomposition. Les métalloïdes se combinent à l'alcali et donnent des sels alcalins solubles ; les métaux passent à l'état d'oxydes ou de carbonates insolubles.

La voie humide ne s'applique qu'aux sulfates insolubles. La matière est mise en suspension dans une solution assez concentrée de carbonate de soude, et l'on porte à l'ébullition pendant une heure.

La voie sèche est presque uniquement employée. On mélange la matière bien porphyrisée avec trois ou quatre fois son poids de carbonate de soude, et l'on fond au creuset de platine, si toutefois il n'y a pas d'oxydes réductibles, comme les oxydes de plomb, d'étain, de bismuth. Ces oxydes peuvent en effet se réduire, et leurs métaux, formant avec le platine des alliages fusibles, ne tardent pas à percer le fond du creuset. Il est commode de remplacer le carbonate de soude par un mélange à parties égales de carbonate de soude et de carbonate de potasse, dont le point de fusion est beaucoup moins élevé. On peut alors opérer sur la lampe à gaz.

Suivant le corps dont il s'agit et la finesse de la porphyrisation, on maintient la fusion plus ou moins longtemps. Généralement au bout d'une demi-heure, il y a suffisamment de substance décomposée pour l'analyse qualitative.

On plonge le fond du creuset rouge dans l'eau, en ayant bien soin d'éviter qu'une seule goutte d'eau pénètre dans l'intérieur, car la matière fondue serait projetée hors du creuset avec explosion amenant des accidents. Il y a solidification brusque, et le retrait détache le culot du creuset. On écrase ce culot et on le traite par l'eau bouillante, qui dissout les sels alcalins. La partie insoluble est traitée par l'acide chlorhydrique ; on dissout ainsi les oxydes et les carbonates métalliques, et la matière inattaquée reste seule insoluble avec le chlorure d'argent.

Certains corps font cependant exception et, lors de la reprise par l'eau, se partagent entre la dissolution et la partie insoluble dans l'eau. L'arsenic et l'antimoine donnent des arséniates et antimoniates, et l'antimoniate de soude, peu soluble, reste partiellement dans la partie insoluble. L'étain peut exister à l'état d'oxyde d'étain insoluble et de stannate alcalin soluble ; la même chose a lieu pour l'alumine.

12. 5° La fusion avec la *potasse* et le *nitre* est un moyen de faire passer à l'état soluble le manganèse et le chrome.

On fond trois parties de potasse caustique dans un creuset ou dans une petite capsule de porcelaine sur le bec Bunsen. Lorsque le bouillonnement a cessé, on ajoute une partie de la substance

2.

mélangée à une partie de nitre, et l'on maintient en fusion cinq minutes. Il ne faut pas dépasser le rouge sombre pour ne pas décomposer le manganate formé. On coule sur une plaque de tôle bien sèche ; on écrase le culot et on le reprend par l'eau ou par une dissolution de potasse. La liqueur contient alors le chrome à l'état de chromate de potasse, et le manganèse à l'état de manganate.

13. 6° L'attaque par le *bisulfate de potasse* ne s'emploie guère que pour la dissolution de certains minéraux du titane et du chrome.

On mélange une partie de la matière, bien porphyrisée, avec quatre parties de sulfate neutre de potasse ; on ajoute deux parties d'acide sulfurique et l'on chauffe avec précaution au creuset de platine sur le bec Bunsen. L'action est lente et nécessite souvent plusieurs heures pour être complète.

C'est là en réalité une attaque par l'acide sulfurique, mais à une température supérieure au point d'ébullition de cet acide.

Dissolution dans les perles.

14. On a quelquefois recours à la dissolution dans les perles de borax, pour reconnaître certains corps, le cobalt, par exemple.

Pour faire une perle, on chauffe la boucle du fil

de platine, et on l'applique sur un fragment de borax, qui s'y colle et peut alors être porté dans la flamme du bec Bunsen. Lorsque la perle est fondue, on y incorpore un peu de la substance à essayer; il suffit de mélanger celle-ci avec un peu de borax et de toucher le mélange avec la perle chaude. On porte de nouveau dans la flamme pendant un certain temps, et l'on examine ensuite la perle à froid.

Le cobalt donne toujours une perle bleue; pour les autres métaux, la couleur est généralement différente, suivant qu'on opère dans la flamme réductrice ou dans la flamme oxydante; par exemple, la perle du manganèse est violette dans la flamme oxydante, incolore dans la flamme réductrice.

III. — PRÉCIPITATION.

15. La précipitation a pour but soit d'obtenir une substance à l'état solide, soit de séparer un ou plusieurs corps d'avec d'autres existant en même temps dans la dissolution.

Pour que la précipitation d'un corps ait lieu, il suffit de produire un composé de ce corps insoluble dans les conditions de l'expérience. On y arrive généralement par simple ou par double décomposition. La formation même du précipité ou les propriétés de celui-ci caractérisent la plupart des métaux et des métalloïdes.

Si le corps précipité est en quantité trop faible, on constate simplement dans la liqueur un trouble ou un louche. Dans la plupart des cas, le précipité se forme et se rassemble mieux à l'ébullition (sulfate de baryte, oxalate de chaux, etc.); quelquefois il est utile de secouer la fiole (chlorure d'argent); d'autres fois, il convient d'agiter vivement avec une baguette en verre (phosphate ammoniaco-magnésien, oxychlorure de bismuth, chlorure de plomb, etc.) pour détruire la sursaturation.

On isole le précipité par la décantation et la filtration sur un filtre à plis ou sans plis. Avec les premiers l'opération est plus rapide; les seconds sont plus faciles à laver. Il faut auparavant avoir soin de mouiller le filtre placé dans l'entonnoir, et, si l'on emploie un filtre sans plis, de l'appliquer bien exactement sur l'entonnoir pour empêcher le passage de l'air. Le tube de l'entonnoir se remplit alors de liquide qui crée une dépression et augmente beaucoup la rapidité de la filtration. Dans tous les cas, le filtre ne doit pas dépasser le bord de l'entonnoir.

S'il s'agit d'un précipité gélatineux ou facilement oxydable, il est indispensable et d'ailleurs beaucoup plus commode de le laver par décantation. C'est le cas général des sulfures et d'un grand nombre d'oxydes.

Pour laver sur un filtre on arrose les bords du filtre et le précipité avec une pissette.

Si l'on veut seulement effectuer des recherches sur la liqueur filtrée on ne lave pas le précipité ; et, dans aucun cas, on ne doit recueillir les eaux de lavage, afin de ne pas étendre la liqueur.

Lorsqu'on fait une précipitation suivie d'une filtration, il faut *toujours* s'assurer que la liqueur filtrée ne précipite plus par l'addition de quelques gouttes du réactif qui a servi à la précipitation ; une seule omission de cette vérification compromet toute l'analyse.

Précipitation des acides.

On précipite les acides quelquefois à l'état libre (acide silicique, acide borique), le plus souvent dans des sels insolubles (sels d'argent, de baryte, de chaux, etc.)

16. *Précipitation des acides libres.* — Les deux acides qu'on peut ainsi précipiter, et seulement dans les solutions concentrées, sont l'acide borique et l'acide silicique. Si l'on ajoute peu à peu, et en agitant, de l'acide chlorhydrique à la solution d'un borate, l'acide borique mis en liberté, qui a un coefficient de solubilité bien déterminé et assez faible, se dépose en partie à l'état de paillettes. L'acide silicique des silicates alcalins, également mis

en liberté par les acides, peut rester entièrement dissous même dans les solutions concentrées, surtout si l'on ajoute d'un seul coup beaucoup d'acide chlorhydrique ; si cet acide est ajouté peu à peu, la silice précipite à l'état d'hydrate blanc, d'aspect analogue à l'alumine hydratée. La silice est également précipitée par les sels ammoniacaux, en particulier par le chlorhydrate et le carbonate d'ammoniaque.

17. *Précipitation par les sels d'argent.* — Le nitrate d'argent ajouté dans les solutions neutres des sels, permet de classer les acides en deux groupes, suivant qu'ils donnent ou non un précipité ; mais la difficulté d'obtenir des liqueurs neutres est sujette à induire en erreur pour plusieurs acides, les acides phosphorique et arsénique par exemple.

Nous employons le nitrate d'argent seulement pour précipiter en liqueur légèrement azotique les acides chlorhydrique, bromhydrique, iodhydrique, cyanhydrique et sulfhydrique. Les précipités ainsi obtenus s'altèrent parfois à la lumière, ils sont partiellement réduits et leurs propriétés sont sensiblement modifiées, entr'autres leur solubilité dans l'ammoniaque. Il convient donc d'opérer rapidement et dans des endroits pas trop éclairés. On facilite le rassemblement du précipité en agitant vivement la fiole qui contient la liqueur.

L'iodure d'argent est assez nettement insoluble dans l'ammoniaque ; le chlorure et le bromure y sont au contraire facilement solubles; mais les courbes de solubilité de ces corps dans les solutions ammoniacales étendues sont assez différentes pour qu'on puisse séparer approximativement le chlorure du bromure par une solution déterminée d'ammoniaque. Par exemple, dans l'ammoniaque étendue de 20 fois son volume d'eau, la solubilité du chlorure d'argent est environ 250 fois plus grande que celle du bromure [1].

Tableau des solubilités à 14° du chlorure et du bromure d'argent dans les solutions ammoniacales.

PROPORTIONS d'ammoniaque dans les solutions [1].	NOMBRE de $\frac{1}{1000}$ équivalents dissous par litre.	
	Chlorure.	Bromure.
0,025............	60	
0,050............	172	0,6
0,075............	311	2,7
0,100............	470	5,0
0,150............		28,0
0,200............		49,0
0,300............	—	100
0,400............	—	159
0,500............		224

Les courbes construites d'après ces nombres montrent immédiatement la différence de solu-

[1] L'ammoniaque dont il s'agit ici est l'ammoniaque du laboratoire de l'École des Mines à 8,7 équivalents par litre.

bilité entre le chlorure et le bromure (*fig.* 1).
Les chlorure, bromure, iodure, cyanure d'argent

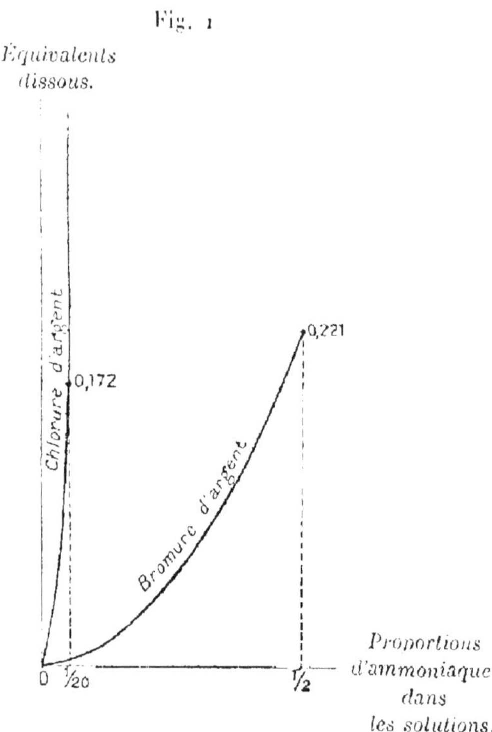

reprécipitent lorsqu'on ajoute à la solution ammoniacale de l'acide azotique jusqu'à réaction légèrement acide.

18. *Précipitation par les sels de baryte.* —
Un grand nombre d'acides sont précipités par les
sels solubles de baryte en liqueur neutre ou ammoniacale; le sulfate de baryte seul est bien insoluble

dans les acides chlorhydrique et azotique; le fluorure de baryum est peu soluble. Il convient d'employer de préférence pour la précipitation le chlorure de baryum. Le précipité de sulfate se rassemble bien et ne passe pas à travers le filtre si l'on a soin d'opérer en liqueur acide et de faire bouillir.

Le chlorure de baryum est insoluble dans l'acide chlorhydrique concentré et dans l'acide azotique concentré; il faut donc prendre garde au précipité qui pourrait se produire en pareil cas, et qui disparaît d'ailleurs si l'on étend d'eau.

19. *Précipitation par les sels de chaux.* — Nous ne précipitons par la chaux que l'acide carbonique, l'acide oxalique et l'acide fluorhydrique. Le chlorure de calcium ammoniacal ne précipite pas immédiatement par l'acide carbonique par suite de la formation préalable de carbamate d'ammoniaque qui s'hydrate lentement; un réactif plus sensible est l'eau de chaux, dont il faut ajouter un excès pour éviter la formation de bicarbonate soluble.

L'oxalate de chaux, insoluble dans une liqueur ammoniacale ou acétique, doit être porté à l'ébullition pour ne pas passer à travers les filtres. Le plus souvent on précipite en liqueur ammoniacale et il faut avoir soin d'ajouter une assez grande quantité de chlorhydrate d'ammoniaque pour empêcher la précipitation de la magnésie.

Le fluorure de calcium précipite bien s'il est entraîné par un excès de carbonate de chaux; c'est là un moyen commode de concentrer le fluor des dissolutions qui en renferment peu. Il précipite aussi mais moins complètement dans une liqueur acétique ou faiblement chlorhydrique.

20. *Précipitation par les sels de magnésie.* — L'acide phosphorique et l'acide arsénique sont précipités par les sels de magnésie. On emploie à cet effet la mixture magnésienne qu'on prépare en ajoutant à 1 partie de la solution de sulfate de magnésie 4 parties de chlorhydrate d'ammoniaque et autant d'ammoniaque pure. Le précipité se forme rapidement si l'on agite avec une baguette de verre.

21. *Précipitation par les sels molybdiques.* — Le nitromolybdate d'ammoniaque, employé pour reconnaître l'acide phosphorique, se prépare comme il suit : on dissout 1 partie d'acide molybdique pur dans 4 parties d'ammoniaque et l'on ajoute 15 parties d'acide azotique. On laisse déposer et l'on sépare par filtration le précipité qui a pu se former. Un excès de ce réactif donne avec l'acide phosphorique un précipité jaune de phosphomolybdate d'ammoniaque, soluble dans l'ammoniaque, dans les phosphates alcalins et l'acide phosphorique, et insoluble dans l'acide azotique. S'il y a peu d'acide phosphorique, on n'observe d'abord qu'une légère coloration jaune, on accélère la précipitation en chauffant légèrement, ou mieux en ajoutant un excès de nitrate d'ammoniaque.

L'acide arsénique donne un précipité analogue mais seulement à l'ébullition.

Précipitation des bases.

Les métaux sont le plus souvent précipités à l'état métallique, à l'état d'oxydes ou à l'état de sulfures. Quelquefois aussi on a recours à la précipitation à l'état de carbonates, chlorures, phosphates, sulfates, oxalates, etc.

22. *Précipitation à l'état métallique.* — Les métaux facilement oxydables précipitent les métaux plus difficilement oxydables. On opère en liqueur légèrement acide, soit dans un verre, soit dans un creuset de platine : dans le premier cas, le métal précipité se dépose sur le métal précipitant; dans le second cas, la précipitation se fait surtout sur le platine.

La couleur du précipité est quelquefois caractéristique, celle du cuivre par exemple. Si l'on dissout par l'acide chlorhydrique le métal précipité, on a toujours des protochlorures, et ce fait est précieux pour reconnaître l'étain, grâce aux propriétés réductrices du protochlorure d'étain.

Le plus souvent on précipite par le zinc; le fer. le nickel, le cobalt ne sont pas précipités; la précipitation s'applique au cadmium et aux métaux suivants :

Cadmium,	Antimoine.
Cuivre.	Mercure.
Plomb,	Argent,
Bismuth.	Or.
Étain.	Platine.

La présence de l'acide nitrique ou des nitrates gêne beaucoup la précipitation et peut l'empêcher totalement.

23. *Précipitation à l'état d'oxydes.* — On peut précipiter à l'état d'oxydes la plupart des métaux; mais souvent le précipité est soluble dans un excès de réactif. C'est pourquoi il convient d'employer dans certains cas les alcalis fixes, dans d'autres l'ammoniaque. Le sulfhydrate d'ammoniaque précipite également à l'état de sesquioxydes les sels d'alumine et ceux de chrome; de même le carbonate d'ammoniaque précipite bien l'oxyde de bismuth et l'oxyde d'antimoine.

L'ammoniaque est le réactif le plus employé pour la précipitation des sesquioxydes, tels que ceux de fer. d'alumine et de bismuth. L'oxyde de cuivre y est facilement soluble et donne une liqueur bleue, caractéristique. Les précipités se rassemblent bien à l'ébullition.

24. *Précipitation à l'état de sulfures.* — La précipitation à l'état de sulfures sert principalement pour la séparation des métaux. Grâce aux deux réactifs dont on dispose à cet effet, l'hydrogène sulfuré et le sulfhydrate d'ammoniaque, on peut ranger les métaux en trois groupes dont les caractères sont bien nets.

La précipitation par l'hydrogène sulfuré se fait, suivant le cas, en liqueur chlorhydrique (plomb, cadmium, cuivre, bismuth, arsenic, antimoine), en liqueur acétique (zinc), ou en liqueur ammoniacale (fer, manganèse, etc.). On peut se servir d'une solution saturée d'acide sulfhydrique ou d'un courant d'hydrogène sulfuré gazeux. Dans ce dernier cas, il faut avoir soin d'étendre suffisamment les liqueurs ; les dissolutions concentrées décomposent en effet l'hydrogène sulfuré et donnent un dépôt de soufre qui peut induire en erreur. On obtient d'ailleurs un dépôt de soufre dans un grand nombre de cas ; il suffit que la liqueur contienne un corps susceptible d'être réduit par l'hydrogène sulfuré, comme l'acide azotique, les chromates, les sels de fer au maximum, etc.

Dans certains cas, il est plus rapide et plus commode de faire usage de la dissolution d'hydrogène sulfuré. On la prépare en faisant passer ce gaz jusqu'à saturation dans une fiole pleine d'eau. La saturation est complète si, après avoir agité la fiole, on y constate une surpression. L'emploi de cette dissolution présente le grave inconvénient d'étendre beaucoup les liqueurs ; cela ne gêne pas s'il s'agit d'une recherche directe par l'hydrogène sulfuré, mais dès qu'on applique la méthode dichotomique, les recherches ultérieures dans la liqueur filtrée deviennent souvent impossibles. Enfin, il ne faut faire usage que de solutions fraîchement préparées.

Dans les précipitations par le sulfhydrate d'ammoniaque, celui-ci n'est ajouté que quand les acides de la liqueur ont été saturés par l'ammoniaque en excès. On évite ainsi le dépôt de soufre dû à la décomposition du sulfhydrate.

Un grand nombre de sulfures métalliques (sulfures de fer, de cuivre, de zinc, etc.) s'oxydent facilement pendant la filtration ; il semble alors que le précipité traverse le filtre. Pour éviter cet inconvénient, on laisse déposer le précipité et l'on filtre la liqueur en ayant soin de maintenir le filtre plein de liquide. En général, les filtrations sont plus rapides si les liqueurs sont chargées en chlorhydrate d'ammoniaque. Les lavages se font avec de l'eau tenant, suivant le cas, de l'hydrogène sulfuré ou du sulfhydrate.

Les métaux qui précipitent à l'état de sulfures lorsqu'on fait passer un courant d'hydrogène sulfuré dans une liqueur additionnée de $\frac{1}{10}$ de son volume d'acide chlorhydrique concentré sont :

Or.	Cadmium.
Platine.	Plomb.
Argent.	Bismuth.
Mercure.	Étain.
Cuivre.	Antimoine.

Il y a en même temps précipitation partielle de

Nickel.	Zinc.
Cobalt.	

si la liqueur n'est pas suffisamment acide.

Si, après avoir vérifié que l'hydrogène sulfuré ne précipite pas la liqueur filtrée, on ajoute à celle-ci de l'ammoniaque et du sulfhydrate d'ammoniaque ; les métaux qui précipitent tant à l'état de sulfures qu'à l'état d'oxydes sont :

Nickel.	Manganèse.
Cobalt.	Chrome.
Zinc.	Aluminium.
Fer.	

Les acides phosphorique et arsénique en présence des bases chaux, baryte, strontiane et magnésie, donnent également, sous l'influence de l'ammoniaque, un précipité de phosphate ou d'arséniate de ces bases.

Enfin les métaux qui ne précipitent pas par l'hydrogène sulfuré ni en liqueur acide, ni en liqueur ammoniacale, sont :

Baryum,	Potassium,
Strontium.	Sodium.
Calcium,	Ammonium.
Magnésium,	

25. *Précipitation à l'état de chlorures.* — Un petit nombre de corps seulement sont précipités à l'état de chlorures. On ajoute à cet effet de l'acide chlorhydrique goutte à goutte dans la liqueur. Les sels d'argent et les sels de mercure au minimum donnent un précipité complet en liqueur acide ; le plomb donne un précipité partiel soluble dans l'eau bouillante.

Les chlorures de bismuth et d'antimoine, stables en présence d'un excès d'acide, sont décomposés par l'eau et passent à l'état d'oxychlorures qui pré cipitent plus ou moins complètement.

26. *Précipitation à l'état de carbonates.* — La précipitation par le carbonate d'ammoniaque n'intervient que lorsqu'on a déjà précipité par l'hydrogène sulfuré et le sulfhydrate. L'addition de ce réactif précipite alors complètement à l'état de carbonates les métaux alcalino-terreux.

Baryum.
Strontium.
Calcium.

Le précipité se rassemble bien à l'ébullition, et la liqueur filtrée ne contient plus alors que :

Magnésium,
Potassium,
Sodium.

DEUXIÈME PARTIE.

RECHERCHES SPÉCIALES.

Généralités.

27. Nous n'exposons ici que les procédés de recherche des métalloïdes et des métaux usuels, et nous supposons toujours que les substances à essayer ne contiennent pas de métaux rares, pouvant gêner ou masquer les réactions que nous indiquons.

Dans la recherche d'un corps, une *réaction nécessaire* est telle que, si elle ne se produit pas, on peut en conclure l'absence du corps. La précipitation par l'hydrogène sulfuré est pour le plomb un caractère nécessaire; ce n'est pas un caractère suffisant, car bien d'autres métaux précipitent dans les mêmes conditions.

Une *réaction suffisante* permet, au contraire, en se produisant, d'affirmer la présence du corps: telle est, par exemple, la réaction du prussiate

jaune sur les sels de fer au maximum donnant lieu
à un précipité bleu de Prusse caractéristique. Mais,
si une réaction seulement suffisante ne se produit
pas, on ne peut pas en conclure l'absence du
corps.

I. — RECHERCHES DES MÉTALLOIDES
OU DE LEURS COMPOSÉS.

Eau.

28. La recherche de l'eau dans les substances
se fait simplement en chauffant, dans un petit tube
bouché, un fragment de la matière (5). L'eau se
dégage à l'état de vapeurs, qui se condensent en
gouttelettes dans la partie froide du tube.

C'est là un caractère suffisant, mais qui n'est
pas nécessaire; dans les corps qui contiennent peu
d'eau et la perdent difficilement, ce qui est le cas
de la plupart des silicates naturels, la présence de
l'eau ne peut être établie que par l'Analyse quan-
titative.

Acide carbonique.

29. Tous les carbonates sont décomposés par
l'acide chlorhydrique, avec une effervescence plus
ou moins vive; le gaz qui se dégage précipite l'eau
de chaux.

S'il s'agit d'un minéral en morceaux, où l'examen minéralogique n'accuse pas de sulfures, il suffit de toucher avec une baguette trempée dans l'acide azotique étendu les parties du minéral où l'on suppose la présence des carbonates.

L'effervescence est très vive avec les carbonates de chaux, baryte et strontiane et les hydrocarbonates naturels; beaucoup moins vive avec le carbonate de plomb et la calamine; plus lente encore avec la dolomie et la sidérose.

Les dissolutions de carbonates ne donnent lieu à une effervescence bien visible que si les liqueurs ne sont pas trop étendues; il faut donc évaporer à sec et opérer sur le résidu solide.

Pour reconnaître si une substance pulvérulente contient un carbonate, on la traite au fond d'un tube à essais par un peu d'acide chlorhydrique étendu, et l'on introduit dans le tube une baguette préalablement trempée dans de l'eau de chaux. La baguette se recouvre aussitôt d'un précipité blanc en présence d'un carbonate.

Composés du soufre.

30. La recherche du soufre libre ou d'un *composé quelconque du soufre* peut se faire à l'aide des baguettes de charbon sodé. Ces baguettes se préparent en trempant le bout non soufré d'une allumette dans une solution chaude et saturée de carbonate de soude; on calcine ensuite au bec

Bunsen jusqu'à fusion du carbonate, qui forme alors comme une sorte de vernis protecteur.

On place, sur une baguette ainsi préparée, une parcelle de la substance à essayer, bien porphyrisée et humectée avec une goutte de la solution de carbonate de soude. On fond au bec Bunsen jusqu'à ce qu'il n'y ait plus dégagement de bulles. Tous les composés du soufre sont réduits par le charbon et il y a production de sulfure de sodium. Pour constater la présence de ce corps, on écrase l'extrémité de la baguette sur une pièce d'argent et l'on humecte avec une goutte d'eau, une tache noire se forme aussitôt.

Ce caractère, nécessaire et suffisant, permet de reconnaître les plus faibles traces de soufre.

31. *Soufre natif et sulfures riches en soufre.* — On est certain de la présence du soufre natif ou de sulfures riches en soufre, comme la pyrite de fer et certains polysulfures, lorsqu'en chauffant une parcelle du corps dans un petit tube bouché, il y a formation d'un anneau jaune de soufre dans la partie froide du tube.

Ce caractère est suffisant : il n'est pas nécessaire.

32. *Acide sulfhydrique.* — Pour reconnaître la présence d'un sulfure insoluble, on chauffe dans un petit tube bouché un peu de la substance avec du carbonate de soude sans aucun réducteur,

comme le papier filtre par exemple. Il se produit du sulfure de sodium, qu'on reconnaît en écrasant le petit culot en présence d'un peu d'eau sur une pièce d'argent. De simples traces de soufre donnent aussitôt une tache noire.

Un autre caractère est fourni par le grillage dans un tube ouvert ; il se dégage de l'acide sulfureux, reconnaissable à son odeur. Cette réaction peut ne pas se produire avec certains sulfures, en particulier avec les sulfures alcalino-terreux et avec les sulfures de plomb.

33. Dans les solutions, les eaux minérales, on a à rechercher l'hydrogène sulfuré libre et les sulfures.

L'odorat est le meilleur juge de la présence de l'hydrogène sulfuré libre.

Un sulfure soluble donne, en présence de l'acétate de plomb ou du nitrate d'argent, un précipité noir. S'il y a seulement des traces de sulfure en présence de sels précipitant aussi le plomb et l'argent, on ajoute à 3^{cc} de la solution à essayer 1^{cc} d'une dissolution alcaline d'oxyde de plomb. Pour préparer cette liqueur, on traite l'acétate de plomb par un excès de soude caustique, de façon à dissoudre le précipité formé. Le sulfate, le chlorure, le bromure, l'iodure de plomb ne précipitent plus dans ces conditions.

Si la solution à essayer est très étendue, la présence des sulfures se manifeste seulement par une coloration brune qui permet de reconnaître moins de 1 cent-millionième d'acide sulfhydrique.

34. *Acide sulfurique.* — Le chlorure de baryum ajouté dans la solution d'un sulfate acidifiée par l'acide chlorhydrique donne un précipité blanc, pulvérulent et lourd de sulfate de baryte, insoluble dans l'acide chlorhydrique étendu et dans l'acide azotique. Le précipité se rassemble avec lenteur à froid et plus rapidement à la température de l'ébullition.

Le chlorure de baryum et l'azotate de baryte sont peu solubles dans les liqueurs concentrées très acides; il faut donc avoir soin d'opérer dans des liqueurs assez étendues.

On constate ainsi facilement la présence de moins de 5 millionièmes d'acide sulfurique.

Le procédé des baguettes de charbon sodé peut d'ailleurs servir à caractériser le sulfate de baryte et à rechercher l'acide sulfurique dans tous les sulfates insolubles.

35. *Acide sulfureux.* — Les dissolutions d'acide sulfureux sont reconnaissables à leur odeur.

Si l'on traite un sulfite à l'état solide ou en dissolution assez concentrée par l'acide chlorhydrique étendu et à la température ordinaire, il y a dégagement d'acide sulfureux, reconnaissable à son odeur, et l'on ne constate pas de dépôt de soufre.

Les dissolutions de chlore, d'iode, transforment l'acide sulfureux libre ou combiné en acide sulfurique, qui précipite par le chlorure de baryum. Pour appliquer cette réaction, on précipite d'abord l'acide sulfurique par le chlorure de baryum, on filtre et l'on ajoute à la liqueur claire une dissolution d'iode dans l'iodure de potassium; la présence de l'acide sulfureux se manifeste aussitôt par un précipité blanc. Ce caractère est nécessaire et suffisant.

36. *Acide hyposulfureux.* — La dissolution assez concentrée d'un hyposulfite additionnée d'acide sulfurique dégage de l'acide sulfureux, et il y a en même temps dépôt de soufre.

Un caractère plus sensible résulte de l'action d'un hyposulfite sur le nitrate d'argent à l'ébullition : il y a formation de sulfure d'argent insoluble noir. On ajoute à 10^{cc} de la liqueur à essayer du nitrate d'argent en excès : on précipite ainsi le soufre des sulfures à l'état de sulfure d'argent. L'ébullition précipite ensuite dans la liqueur filtrée le sulfure d'argent résultant de la décomposition de l'hyposulfite, et l'on vérifie par les baguettes de charbon sodé que ce précipité contient du soufre. Ce caractère est nécessaire et suffisant.

La dissolution d'iode transforme l'acide hyposulfureux en acide hyposulfurique, qui ne précipite pas par le chlorure de baryum.

Composés de l'azote.

37. *Acide azotique.* — Si, dans la solution d'un azotate additionnée d'acide sulfurique, on ajoute un peu de tournure de cuivre, il y a production de vapeurs rutilantes, et la liqueur se colore en bleu. Toutefois, la réaction n'est bien nette que si la proportion d'acide azotique est supérieure à 5 millièmes.

Un caractère beaucoup plus sensible repose sur la transformation de l'acide azotique en bioxyde d'azote par le sulfate de protoxyde de fer, et sur la formation d'un composé brun soluble, caractéristique, résultant de l'union du bioxyde d'azote produit avec le sulfate de fer non encore peroxydé.

On ajoute, dans un tube bouché à 1^{cc} de la liqueur à essayer 2^{cc} d'acide sulfurique en ayant soin de mélanger et de refroidir par immersion dans l'eau. On verse par-dessus, goutte à goutte, en faisant couler sur la paroi du tube, 3^{cc} d'une dissolution concentrée et légèrement sulfurique de sulfate de fer. La surface de séparation des deux liquides doit être bien nette. La présence de l'acide azotique se manifeste par une coloration brune à cette surface de séparation et la coloration s'étend peu à peu dans le liquide inférieur.

Pour une liqueur contenant 5 dix-millièmes d'acide azotique, la coloration est brun-rose : pour des liqueurs plus étendues, on a seulement une teinte rose qui ne se manifeste qu'au bout de quelques minutes. On reconnaît ainsi facilement la présence de 1 cinquante-millième d'acide azotique.

38. *Acide azoteux*. — Les azotites présentent les caractères indiqués pour les azotates : formation de vapeurs rutilantes en présence du cuivre et de l'acide sulfurique; coloration brune avec le sulfate de protoxyde de fer.

Le caractère distinctif est fourni par l'action de l'acide sulfurique étendu et froid : l'acide azoteux est déplacé et décomposé avec formation de vapeurs rutilantes; l'acide azotique est seulement déplacé partiellement et non décomposé.

Qualitativement, on ne peut pas déceler la présence d'un azotate en présence d'un azotite.

39. *Ammoniaque*. — L'ammoniaque libre se reconnaît aisément :

1° A son odeur;

2° Aux vapeurs blanches qui se produisent quand on approche de la liqueur une baguette trempée dans l'acide chlorhydrique étendu de 4 volumes d'eau;

3° A l'action du gaz ammoniac sur le papier rose humide de tournesol.

Les sels ammoniacaux se reconnaissent aux mêmes caractères après qu'on a mis l'ammoniaque en liberté par une solution concentrée de soude caustique.

Si l'on n'a pas à craindre les matières organiques azotées, on traite dans un petit matras d'essayeur ou dans un tube à essais 10^{cc} de la dissolution par 10^{cc} d'une lessive concentrée de soude ou de potasse. On chauffe après avoir recouvert partiellement l'orifice du matras par un papier humide de tournesol rose. Celui-ci bleuit sur toute la section du tube si la liqueur contient un sel ammoniacal.

La sensibilité de ce caractère est très grande. Si l'on opère sur 10^{cc} de la liqueur, on constate facilement moins de 1 deux cent-millième d'ammoniaque.

Les matières organiques azotées, chauffées avec de la soude caustique dégagent de l'ammoniaque, mais pas immédiatement. Cependant, si l'on craint leur présence, il vaut mieux remplacer la soude par la magnésie calcinée, sans action sur les matières organiques.

La sensibilité du procédé de recherche par le papier humide de tournesol peut être augmentée d'une façon pour ainsi dire illimitée si l'on dispose d'une quantité assez grande de liquide. On fixe un papier humide de tournesol à la partie supérieure du cône d'un entonnoir et l'on place celui-ci sur une capsule contenant le liquide à essayer additionné de potasse caustique, de façon que les bords de l'entonnoir plongent dans la liqueur. L'ammoniaque se dégage à froid à l'intérieur de l'entonnoir et se condense sur le papier de tournesol.

40. *Acide cyanhydrique.* — La présence des cyanures dans une dissolution ou dans une substance solide est nettement accusée par trois caractères bien tranchés :

1° Par l'odeur de l'acide cyanhydrique mis en liberté par un acide minéral étendu ;

2° Par la formation de bleu de Prusse au contact d'une liqueur chlorhydrique contenant les deux oxydes de fer ;

3° Par la formation, soit avec le sulfhydrate d'ammoniaque, soit avec l'hyposulfite de soude, de sulfocyanure, reconnaissable à la couleur rouge qu'il communique aux sels de fer au maximum.

1° Le premier caractère ne doit être essayé qu'avec beaucoup de précautions, en raison des propriétés délétères de l'acide cyanhydrique. Il faut avoir soin d'opérer seulement sur une très petite quantité de la substance solide ou liquide.

2° La formation du bleu de Prusse est un caractère moins dangereux. On ajoute dans un tube bouché à 2^{cc} de la liqueur à essayer quelques gouttes d'une dissolution de sulfate de fer partiellement peroxydée et d'acide chlorhydrique concentré. Le précipité bleu de Prusse est très net même avec $\frac{1}{500}$ de cyanogène ; pour des proportions plus faibles, le liquide paraît vert après l'addition de l'acide chlorhydrique, et ce n'est qu'au bout de quelque temps qu'il se dépose un léger précipité bleu. On saisit très bien la coloration jusqu'à moins de 1 dix-millième de cyanogène.

Ce caractère n'est applicable qu'en l'absence des ferro et ferricyanures ; il s'applique aux corps solides mis en suspension dans l'eau.

3° Le troisième caractère est utilisé même en présence des ferro et ferricyanures.

On évapore doucement dans une petite capsule 1^{cc} de la liqueur à essayer, 3 ou 4 gouttes de sulfhydrate d'ammoniaque et 500^{mmc} d'ammoniaque. On rajoute de l'eau s'il est besoin, et l'on prolonge l'évaporation jusqu'à ce que la coloration jaune ait disparu et que le sulfhydrate soit entièrement volatilisé ou décomposé. On acidifie par l'acide chlorhydrique qui ne doit pas dégager d'hydrogène sulfuré. Le liquide ainsi obtenu est ajouté à 3^{cc} d'une dissolution très étendue de perchlorure de fer assez fortement chlorhydrique. La présence de l'acide sulfocyanhydrique se manifeste par la couleur rose indiquée au paragraphe 63.

Ce caractère très sensible est nécessaire et suffisant en l'absence des sulfocyanures. Il permet de reconnaître 1 cent-millième de cyanogène.

Pour les cyanures insolubles et en particulier

pour le cyanure d'argent, on opère la transformation en sulfocyanure par l'hyposulfite de soude. On fond une parcelle de ce corps à la boucle du fil de platine jusqu'à ce qu'on ait chassé toute l'eau de cristallisation et que la masse se gonfle. On ajoute un peu de la substance à essayer, on chauffe peu de temps dans la flamme et l'on retire l'essai dès que le soufre commence à brûler. On plonge alors dans quelques gouttes de la solution étendue de perchlorure de fer acidifiée par l'acide chlorhydrique.

Si l'on chauffe trop longtemps, la réaction n'est pas nette, car le sulfocyanure de sodium se décompose.

On reconnaît ainsi facilement 1 partie de cyanure d'argent en présence de 1000 parties de chlorure d'argent.

Acide phosphorique.

41. Lorsqu'on verse dans une dissolution molybdique préparée comme il est indiqué au paragraphe 21 quelques gouttes d'une liqueur acide contenant de l'acide phosphorique ou un phosphate, il se forme un précipité à grains cristallins jaunes qui reste assez longtemps en suspension. Ce précipité insoluble dans les acides, se dissout facilement dans les liqueurs neutres ou acides contenant de l'acide phosphorique; il faut donc toujours opérer en présence d'un excès d'acide molybdique. A cet effet,

on ajoute goutte à goutte la liqueur à essayer dans 10^{cc} de la liqueur molybdique contenus dans un tube à essais. Si la quantité d'acide phosphorique est un peu grande, les premières gouttes donnent immédiatement un précipité; sinon on continue à verser la liqueur jusqu'à ce qu'on en ait ajouté 10^{cc}.

Le précipité se forme alors nettement, même si la liqueur en essai ne contient que 1 vingt-millième d'acide phosphorique; des liqueurs plus étendues donnent seulement une coloration jaune à froid, mais on fait apparaître rapidement le précipité en chauffant légèrement (à 80° environ), ou mieux en ajoutant un excès de nitrate d'ammoniaque. On peut ainsi constater la présence de moins de 1 deux-cent-cinquante millième d'acide phosphorique.

L'acide arsénique *à froid* ne donne pas de précipité avec le nitromolybdate, même en présence d'un excès d'azotate d'ammoniaque, il en est de même de l'acide silicique. A chaud et surtout à l'ébullition, on obtient avec le premier un précipité d'arsenio-molybdate difficile à distinguer du phosphomolybdate.

Arsenic.

42. La présence de l'arsenic dans une substance solide se reconnaît immédiatement au chalumeau par deux caractères bien tranchés :

1° On oxyde d'abord la substance à la flamme

extérieure pour se débarrasser du soufre et avoir de l'acide arsénique réductible, puis on la réduit à la flamme intérieure sur le charbon après l'avoir mélangée avec un peu de carbonate de soude. L'odeur alliacée qui se développe caractérise l'arsenic.

2° On oxyde encore à la flamme extérieure et l'on mélange intimement avec un peu de charbon en poudre et du carbonate de soude. On chauffe au bec Bunsen dans un petit tube bouché. L'arsenic passe à l'état métallique, se sublime et se condense dans la partie froide du tube en un anneau brun dont l'éclat miroitant est caractéristique. On reconnaît ainsi très bien moins de $\frac{1}{3}$ de milligramme d'arsenic.

Pour constater des quantités très faibles d'arsenic dans une grande quantité de matière, on concentre d'abord ce corps à l'état de sous-arséniate de fer sur lequel on opère, soit par les tubes bouchés, soit mieux par l'appareil de Marsh (2).

On traite pendant cinq minutes la substance par l'eau régale bouillante; on étend d'eau et l'on filtre. Si la liqueur ne contient pas d'oxyde de fer, on y ajoute 5 ou 6 gouttes d'une solution concentrée de perchlorure de fer. On précipite par l'ammoniaque les divers oxydes précipitables qui entraînent l'arsenic à l'état de sous-arséniate. Le précipité est repris par quelques gouttes d'acide sulfurique, et l'on introduit le tout dans l'appareil de Marsh.

L'arséniate est réduit par l'hydrogène, et l'arsenic passe à l'état d'hydrogène arsénié gazeux décomposé par la chaleur avec dépôt d'arsenic métallique. On coupe la flamme de l'hydrogène avec une capsule de porcelaine, et l'arsenic se dépose sous forme de taches miroitantes d'un brun jaunâtre quand elles sont légères, et d'un brun presque noir quand elles ont une certaine épaisseur.

On peut ainsi reconnaître moins de $\frac{1}{10}$ de milligramme d'arsenic.

Dans les mêmes circonstances, l'antimoine donne des taches noires presque dépourvues d'éclat. On peut d'ailleurs facilement rechercher l'arsenic dans les taches d'antimoine. On dissout celles-ci par une goutte d'acide azotique, on évapore à sec et l'on humecte le résidu avec une goutte d'eau. L'addition d'une goutte de nitrate d'argent donne, s'il y a de l'arsenic, un précipité rouge d'arséniate d'argent, l'antimoine ne donne rien. L'évaporation à sec est nécessaire, car l'arséniate d'argent n'est insoluble que dans les liqueurs neutres.

43. *Acide arsénique.* — Lorsqu'on verse dans la liqueur molybdique une liqueur acide contenant de l'acide arsénique ou un arséniate, on obtient un précipité jaune, mais seulement à l'ébullition. Cette réaction est caractéristique en l'absence de l'acide phosphorique.

Les arséniates alcalins en liqueur neutre donnent

avec le nitrate d'argent un précipité rouge brique d'arséniate d'argent. Ce précipité est soluble dans les acides et dans les alcalis. Pour appliquer ce caractère, on évapore à sec 10^{cc} de la liqueur à essayer ; le résidu salin humecté de nitrate d'argent se colore en rouge brique.

44. *Acide arsénieux.* — L'acide arsénieux et les arsénites donnent en liqueur chlorhydrique, par l'action de l'hydrogène sulfuré, un précipité jaune de trisulfure d'arsenic, immédiatement soluble dans le sulfhydrate d'ammoniaque et dans l'ammoniaque par suite de la formation d'un sel double. Ce sel double est décomposé par l'acide chlorhydrique, et le sulfure d'arsenic précipite de nouveau.

Acide iodhydrique.

45. La présence d'un iodure dans un corps est nettement caractérisée :

Dans les composés riches en iodure, par la mise en liberté d'iode qui précipite en noir ou en rouge brun ;

Dans les corps tenant peu d'iodure, par la coloration bleue que prend l'empois d'amidon à froid en présence de l'iode mis en liberté.

Les corps qu'il convient d'employer pour mettre l'iode en liberté sont :

1° L'eau de chlore ;

2° L'azotite de potasse et l'acide sulfurique;

3° L'acide azotique.

1° L'emploi de l'eau de chlore est assez délicat, car un très petit excès de chlore détruit la coloration bleue en se combinant à l'iode pour donner du chlorure d'iode sans action sur l'empois d'amidon.

Dans un tube bouché, on ajoute à 2^{cc} ou 3^{cc} de la liqueur à essayer quelques gouttes d'une dissolution d'empois d'amidon fraîchement préparée. L'addition d'une goutte d'eau de chlore produit alors une couleur bleue caractéristique si l'essai ne contient pas trop d'iodure. En liqueur concentrée on aurait un précipité noir d'iode libre.

Il faut éviter d'appliquer cette réaction à des dissolutions contenant des alcalis libres ou carbonatés que le chlore doit saturer avant d'agir sur les iodures. On est obligé d'employer alors un volume considérable d'eau de chlore et il est difficile de savoir quand ce réactif est en quantité suffisante. Les liqueurs doivent donc être rendues d'abord légèrement acides.

Cette réaction est suffisante pour qu'on puisse affirmer la présence de l'iode dans la dissolution; elle est nécessaire s'il y a plus de $\frac{1}{1000}$ d'iode.

2° On doit toujours craindre qu'un résultat négatif obtenu avec l'eau de chlore soit dû à un excès de réactif. Aussi vaut-il mieux employer l'acide sulfurique et l'azotite de potasse pour mettre l'iode en liberté dans les solutions d'iodure.

La liqueur étant déjà neutre ou légèrement acide, on en prend 3^{cc} dans un tube bouché et l'on y ajoute successivement quelques gouttes d'une dissolution concentrée d'azotite de potasse et quelques gouttes d'acide sulfurique. Si la proportion d'iodure est assez grande, on voit à ce moment le précipité rouge-brun d'iode; sinon on rajoute 2^{cc} à 3^{cc} de la solution d'empois d'amidon.

Jusqu'à moins de 1 dix-millième d'iode, la couleur de l'iodure d'amidon est nettement bleue; pour des proportions plus faibles, elle passe au violet, mais elle est encore sensible avec moins de 1 deux-cent-millième d'iode.

Cette réaction, nécessaire et suffisante, perd un peu de sa sensibilité en présence des sulfates simples ou doubles, alcalins et alcalino-terreux.

3° L'acide azotique suffit pour décomposer les iodures solubles; mais la sensibilité de la réaction est moins grande qu'avec l'azotite de potasse. Toutefois, il convient d'employer l'acide azotique si l'on a affaire à des solutions colorées.

On chauffe dans un tube à essai 3^{cc} de la solution avec 1^{cc} d'acide nitrique concentré, et l'on expose aux vapeurs qui se dégagent un morceau de papier filtre imprégné d'empois d'amidon ou simplement un morceau de papier écolier qui est collé à l'amidon. Dans ces conditions, les iodures donnent des vapeurs d'iode qui viennent former sur le papier de l'iodure d'amidon bleu.

On peut rechercher l'iode dans les corps insolubles sans les dissoudre par deux procédés très commodes :

1° Le corps bien porphyrisé est mis en digestion dans la solution d'hydrogène sulfuré. L'acide iodhydrique est mis en liberté, et on le reconnaît par les procédés indiqués ;

2° On peut remplacer la solution d'hydrogène sulfuré par de l'eau sulfurique et l'on ajoute un morceau de zinc. Il se forme de l'iodure de zinc soluble qu'on reconnaît facilement dans la liqueur.

Acide bromhydrique.

46. La présence d'un bromure dans une solution est démontrée par la coloration rouge jaune qu'on obtient en mettant le brome en liberté par l'eau de chlore. On concentre ensuite le brome libre et la coloration dans quelques gouttes de sulfure de carbone.

Dans un tube bouché, on ajoute à 4^{cc} ou 5^{cc} de la liqueur à essayer du sulfure de carbone en quantité suffisante pour former une grosse goutte au fond du tube. On verse goutte à goutte de l'eau de chlore en ayant soin, après chaque nouvelle goutte, d'agiter vivement le tube fermé avec le pouce. Le brome, mis en liberté, est absorbé par le sulfure de carbone, qui se colore en rouge jaune si la liqueur contient plus de 1 millième de brome.

Pour des proportions plus faibles, on a seulement une coloration jaune, facile à saisir jusqu'à 1 trente-millième de brome.

Un excès de chlore transforme le brome en chlorure de brome très peu coloré et fait, par suite, disparaître la coloration ; c'est pourquoi il faut opérer avec les précautions indiquées.

Il y a d'ailleurs les mêmes observations à faire que pour la recherche de l'iode, s'il s'agit de dissolutions tenant des alcalis libres ou carbonatés.

Cette réaction est nécessaire ; elle est suffisante en l'absence de l'iode. Si la dissolution contient en même temps un iodure, on ajoute dans un tube bouché à 4ᶜᶜ ou 5ᶜᶜ de la liqueur un peu d'empois d'amidon et de l'eau de chlore, goutte à goutte, jusqu'à ce que la coloration bleue ait totalement disparu. L'iode est alors transformé totalement en chlorure d'iode ; le brome est à l'état libre, et on le reconnaît d'ailleurs comme précédemment, en le concentrant dans une goutte de sulfure de carbone.

Pour la recherche du brome dans les corps insolubles, on opère d'abord comme pour l'iode, en mettant en digestion, soit dans une solution d'hydrogène sulfuré, soit dans de l'eau sulfurique en présence d'un morceau de zinc.

Acides formés par le chlore.

47. *Acide chlorhydrique.* — La dissolution d'un chlorure alcalin acidifié par l'acide azotique donne avec le nitrate d'argent un précipité blanc, caillebotté, se rassemblant bien par agitation. Ce précipité, exposé à la lumière, devient successivement rosé, violet, gris et noir. Il est alors incomplètement soluble dans l'ammoniaque, qui le dissout facilement avant son altération. L'acide azotique précipite le chlorure d'argent de sa solution ammoniacale.

Cette réaction est très sensible et permet de reconnaître la présence de 3 millionièmes de chlore. Elle est nécessaire dans tous les cas ; elle est suffisante en l'absence des acides bromhydrique, iodhydrique et cyanhydrique.

Pour rechercher le chlore dans une liqueur qui contient du brome et de l'iode, on prend, dans un ballon, 10^{cc} de la liqueur rendue légèrement azotique, et l'on précipite le chlore en même temps que le brome et l'iode par un léger excès de nitrate d'argent. On agite fortement pour rassembler, on laisse déposer et l'on décante tout le liquide. On reprend le précipité par 20^{cc} d'une dissolution d'ammoniaque étendue de 20 fois son volume d'eau ; on dissout ainsi tout ou partie du chlorure d'argent et des traces de bromure. On filtre, et la liqueur claire est additionnée d'acide azotique. La présence du chlore se manifeste par un abondant précipité blanc; sinon, on a un simple trouble dû à la précipitation d'un peu de bromure dissous (17).

S'il y a en même temps du cyanogène, on précipite toujours par le nitrate d'argent. On calcine, on fond le précipité dans une petite capsule en porcelaine; le cyanure d'argent est décomposé.

On laisse refroidir, on broie fin et l'on met en suspension dans un peu d'eau sulfurique, à laquelle on ajoute un morceau de zinc. Après quelques minutes de digestion, la liqueur contient du chlorure, du bromure et de l'iodure de zinc, et l'on y recherche le chlore comme il a été indiqué.

48. *Acide hypochloreux*. — Les hypochlorites sont décomposés par l'acide carbonique de l'air, et l'acide hypochloreux mis en liberté est reconnaissable à son odeur caractéristique. Les acides chlorhydrique et acétique déplacent l'acide hypochloreux qui se décompose en chlore et en oxygène.

49. *Acide chlorique*. — La dissolution d'un chlorate en présence de l'acide sulfurique concentré, se colore en jaune et dégage un gaz verdâtre à odeur caractéristique, qui est de l'acide hypochlorique.

Il faut avoir soin de n'opérer que sur des liqueurs très étendues, pour éviter les explosions.

On fait l'essai dans un tube bouché, au fond duquel on verse, goutte à goutte, la liqueur à essayer sur 2 ou 3 gouttes d'acide sulfurique concentré.

L'odeur caractéristique de l'acide hypochlorique permet de reconnaître moins de 3 dix-millièmes d'acide chlorique.

50. *Acide perchlorique.* — Les perchlorates traités par l'acide sulfurique ne dégagent aucune vapeur jaune verdâtre d'acide hypochlorique.

Les sels de potasse précipitent l'acide perchlorique à l'état de perchlorate de potasse blanc, que la calcination transforme en chlorure.

Acide borique.

51. Pour rechercher la présence de l'acide borique dans une dissolution, on plonge la boucle bien plane d'un fil de platine dans la liqueur fortement sulfurique; on la sèche et on l'approche avec précaution de la flamme du bec Bunsen, en maintenant son plan parallèle au plan tangent à la flamme au point le plus voisin. A une distance de 1^{mm} à 2^{mm} du bord visible de la flamme, on voit se dégager des vapeurs blanches d'acide sulfurique, et la présence de l'acide borique se manifeste par une coloration verte de la flamme, coloration qui apparaît pendant un temps assez court.

On reconnaît ainsi facilement 1 vingt-millième

d'acide borique, c'est-à-dire moins de 1 soixante-millième de bore.

Les phosphates donnent dans les mêmes circonstances une coloration verdâtre ; mais elle est moins sensible et plus jaune que celle de l'acide borique et se distingue parfaitement de celle-ci.

Si l'on opère comme il est indiqué, la température de l'essai n'est pas suffisante pour donner lieu à la volatilisation des sels de baryte, sels alcalins, alcalino-terreux, etc., qui pourrait masquer la flamme de l'acide borique. Seul, le chlorure de cuivre très volatil donne une flamme bleue qui masque la réaction.

La flamme verte, dans les circonstances prescrites est donc un caractère nécessaire pour la présence de l'acide borique ; c'est un caractère suffisant en l'absence du cuivre.

On élimine préalablement ce corps, si toutefois il existe, en acidulant quelques centimètres cubes de la liqueur par l'acide chlorhydrique et précipitant par un morceau de zinc. On recherche l'acide borique sur le liquide filtré.

On recherche directement l'acide borique dans un précipité ou dans un minéral attaqué par l'acide sulfurique. On opère comme dans le cas d'un borate soluble après avoir placé un peu de matière imprégnée d'acide sulfurique sur la boucle du fil de platine.

Si l'on a affaire à des corps inattaquables par les acides, comme les silicoborates et les titanoborates, on mélange le corps parfaitement phorphyrisé avec 4 parties de bisulfate de potasse et 1 partie de spath fluor. On broie très fin, et le mélange légèrement humecté est placé sur le fil de platine et chauffé comme précédemment dans l'enveloppe extérieure de la flamme. La coloration est ici produite par des vapeurs de fluorure de bore.

Acide silicique.

52. Pour rechercher la silice dans un corps solide, on porphyrise très finement celui-ci avec un poids égal de spath fluor bien exempt de silice. On traite 2^{gr} ou 3^{gr} du mélange par l'acide sulfurique concentré dans un creuset de platine et l'on chauffe légèrement. En présence de la silice, il y a production de fluorure de silicium gazeux dont on facilite le dégagement par l'addition d'un petit morceau de zinc. Une goutte d'eau tenue à la boucle du fil de platine au-dessus du creuset se recouvre bientôt d'une pellicule de silice gélatineuse caractéristique, si toutefois la proportion de silice sur laquelle on opère n'est pas trop faible. S'il y a trop peu de silice, le fluorure de silicium est bien encore décomposé par la goutte d'eau, mais la silice mise en liberté est redissoute et entraînée par l'excès d'acide fluorhydrique.

Les solutions concentrées des silicates alcalins se reconnaissent :

1° A la prise en gelée immédiate lorsqu'on les traite par l'acide azotique ou par l'acide chlorhydrique ;

2° Au dépôt de silice hydratée produit à l'ébullition par le carbonate d'ammoniaque. Le précipité se rassemble lentement et a un aspect analogue à l'alumine précipitée par l'ammoniaque, il est soluble dans la potasse.

Ce sont là des caractères suffisants mais non nécessaires pour la présence de l'acide silicique.

Si ces réactions n'ont pas lieu, il faut évaporer à sec la dissolution et reprendre par l'acide azotique qui laisse la silice insoluble.

Acide fluorhydrique.

53. La recherche du fluor dans un précipité ou dans un fluorure naturel simple attaquable par l'acide sulfurique, comme la cryolithe et le spath fluor, se fait en opérant sur la matière solide elle-même.

On chauffe légèrement dans un tube à essais 1^{gr} ou 2^{gr} d'un mélange intime à parties égales de la substance à essayer bien porphyrisée et de quartz en poudre fine, avec 3^{cc} ou 4^{cc} d'acide sulfurique concentré. Il y a production de fluorure de silicium gazeux dont on facilite le dégagement par l'addition d'un fragment de zinc. On constate d'ailleurs la présence de ce gaz en introduisant dans l'axe du tube un agitateur portant une goutte d'eau à son extrémité. Le fluorure de silicium décomposé par l'eau, donne de la silice gélatineuse qui forme une pellicule mate à la surface de la goutte.

Dans les solutions et en particulier dans les liqueurs résultant de la reprise par l'eau après attaque par les carbonates alcalins, on précipite le fluor par le chlorure de calcium. Le fluorure de calcium est totalement précipité en présence d'un excès de carbonate de chaux.

Afin d'avoir ni trop ni trop peu de carbonate de chaux, on neutralise presque la liqueur par l'acide azotique, et l'on ajoute 10^{cc} de la solution de carbonate de soude. On précipite alors par le chlorure de calcium, on filtre et l'on opère sur le précipité comme il a été indiqué.

II. — RECHERCHE DES MÉTAUX.

Division des métaux en groupes.

54. Nous divisons les métaux en cinq groupes.

Premier groupe. — Métaux qui ne sont précipités ni par l'hydrogène sulfuré en liqueur acide, ni par le sulfhydrate d'ammoniaque, ni par le carbonate d'ammoniaque :

Sodium. Ammonium.
Potassium. Magnésium.

Deuxième groupe. — Métaux qui ne sont précipités ni par l'hydrogène sulfuré en liqueur acide, ni par le sulfhydrate d'ammoniaque, mais sont précipités par le carbonate d'ammoniaque :

Baryum. Calcium.
Strontium.

Troisième groupe. — Métaux qui ne sont pas précipités par l'hydrogène sulfuré en liqueur fortement chlorhydrique, mais sont précipités par le sulfhydrate d'ammoniaque :

Aluminium. Zinc.
Chrome, Nickel.
Manganèse. Cobalt.
Fer.

Quatrième groupe. — Métaux qui sont précipités par l'hydrogène sulfuré en liqueur chlorhydrique, mais dont les sulfures sont solubles dans le sulfhydrate d'ammoniaque jaune :

Étain. Arsenic.
Antimoine. Or.

Cinquième groupe. — Métaux qui sont précipités par l'hydrogène sulfuré en liqueur chlorhydrique et dont les sulfures sont insolubles dans le
sulfhydrate d'ammoniaque :

Cadmium,	Mercure,
Cuivre,	Argent,
Plomb,	Platine,
Bismuth,	

Le sulfure de platine est un peu soluble dans le
sulfhydrate d'ammoniaque.

Sodium.

55. La présence de la soude dans une substance solide ou liquide se manifeste par une coloration jaune communiquée à la flamme du bec Bunsen ; la coloration est masquée par la cuve à indigo
et par le verre bleu de cobalt (3).

Elle se manifeste en présence d'une proportion
assez forte de potasse, et l'on peut même la reconnaître dans les flammes les plus fortement colorées
par des bases différentes, telles que la chaux, la
baryte, la strontiane et même l'oxyde de cuivre. La
flamme de la soude accompagne et suit la flamme
des sels de chaux ; elle précède celles de la baryte
et de la strontiane.

Tous les sels de soude donnent la flamme jaune,
l'iodure, le bromure et le chlorure donnent les

colorations les plus vives; ensuite viennent le carbonate et le sulfate. Si d'ailleurs on suppose des quantités égales de sodium à l'état de chlorure, carbonate et sulfate, il faut pour les volatiliser des temps proportionnels aux nombres :

    Chlorure de sodium.................   1
    Carbonate de soude...............   8,3
    Sulfate de soude.................   12,4

Pour les silicates, on fait apparaître beaucoup plus facilement la coloration en ajoutant à l'essai un peu de gypse pur qui agit sur le silicate par double décomposition et donne du sulfate de soude. Le sulfate de chaux, qui n'est pas volatil, ne masque d'ailleurs aucunement la flamme du sulfate de soude.

En fait, pour rechercher la soude dans un corps solide, on le porte dans la flamme après l'avoir mélangé à du gypse pur. La teinte jaune est un caractère nécessaire, si le corps contient de la soude : une teinte faible et de peu de durée n'est pas un caractère suffisant. Tous les corps, en effet, et en particulier tous les réactifs donnent une flamme jaune passagère. Aussi est-on obligé de procéder par comparaison : on mesure la durée relative de la flamme par le tic tac d'une montre, soit t : on opère de la même façon sur le gypse seul et l'on a une durée t' : si t est notablement plus grand que t', on en conclut la présence de la soude.

S'il s'agit d'une dissolution, on peut opérer en liqueur chlorhydrique ou azotique, à moins qu'on ne redoute la présence des terres alcalines. Dans ce cas, il est plus commode d'opérer en liqueur sulfurique qui ne donne pas la flamme de la chaux.

On compare la durée t de la flamme de l'essai avec les durées t' des flammes de dissolutions de carbonate de soude à des titres déterminés, après avoir eu soin de multiplier les nombres t par le module 8.3 si la dissolution à essayer est chlorhydrique, et par le module $\dfrac{8.3}{12,4} = 0,67$ si elle est sulfurique. Il est commode d'opérer comme il suit : on place à la suite les uns des autres cinq verres contenant chacun 90^{cc} d'eau ; dans le verre n° 1, on ajoute 10^{cc} de la dissolution de carbonate de soude (à 10 pour 100) ; dans le verre n° **2**, 10^{cc} de la dissolution du n° 1, et ainsi de suite jusqu'au n° 5.

On obtient cinq dissolutions qui sont respectivement aux titres de 1 centième, 1 millième, 1 dix-millième, 1 cent-millième, 1 millionième et dont les durées de flamme sont à peu près proportionnelles aux nombres 7, 5, 3, 2, 1. La teneur en soude du liquide en expérience est même ainsi déterminée approximativement.

Potassium.

56. La recherche de la potasse s'effectue :

1° Par la coloration de la flamme au bec Bunsen :

2° Par les propriétés caractéristiques de l'hyposulfite double, de potasse et de bismuth.

1° Si l'on introduit dans la flamme du bec Bunsen sur le fil de platine un peu d'un sel de potasse volatil, celui-ci communique à la flamme une couleur bleu violacé très sensible même quand on opère sur une très petite quantité de l'alcali. L'intensité de la flamme dépend du degré de volatilité du sel et par suite de la nature de l'acide : elle est très forte avec l'iodure, le bromure, le chlorure et l'azotate ; un peu moins avec le carbonate et le sulfate, et enfin la coloration est à peine appréciable avec le borate et le phosphate. Les nombres proportionnels aux temps nécessaires pour volatiliser une même quantité de potasse sont d'ailleurs :

Pour le chlorure...................... 1
»   le carbonate.................... 3,8
»   le sulfate....................... 10,3.

Avec les sels difficilement volatils, on produit la réaction en mêlant à l'essai du gypse pur.

La flamme n'est pas arrêtée par la cuve à indigo

et le verre de cobalt qui arrêtent au contraire entièrement les rayons de la soude et de la chaux,
mais elle paraît rouge sang.

La strontiane masque la réaction de la potasse,
excepté si elle est à l'état de sulfate de strontiane
non volatil : c'est pourquoi il est nécessaire d'opérer en présence d'un léger excès d'acide sulfurique
ou de sulfate de chaux.

La recherche de la potasse s'effectue donc en
regardant, à travers la cuve à indigo ou le verre bleu
de cobalt, la couleur de la flamme de la substance ;
si c'est un corps solide, on mélange l'essai à du
gypse, si c'est une liqueur, on la rend légèrement
sulfurique.

On reconnaît ainsi très bien dans une dissolution la présence de moins de 1 vingt-millième de
potasse, ce qui correspond à la volatilisation de
moins de $\frac{1}{500}$ de milligramme de potasse pure.

2° Un sel de potasse, en présence de la dissolution alcoolique d'hyposulfite double de soude et de
bismuth, donne un précipité jaune caractéristique
d'hyposulfite double de potasse et de bismuth
insoluble dans l'alcool. (Carnot). — On emploie
à cet effet deux liqueurs obtenues, la première en
dissolvant 5^{gr} de sous-nitrate de bismuth dans un
peu d'acide chlorhydrique et étendant d'alcool ordinaire jusqu'à 100^{cc} ; la seconde en dissolvant dans
100^{cc} d'eau 10^{gr} d'hyposulfite de soude. Le réactif
de la potasse est formé par le mélange à volumes

égaux de ces liqueurs, additionné d'alcool à $\frac{92}{100}$: le mélange ne se conserve pas.

Pour rechercher la potasse dans une dissolution, on dépose quelques gouttes de celle-ci sur un morceau de papier filtre, on sèche au bain de sable et l'on répète plusieurs fois cette opération. S'il y a de la potasse, le papier ainsi préparé se colore en jaune lorsqu'on l'introduit dans le réactif alcoolique.

On reconnaît facilement $\frac{1}{2000}$ de potasse, et c'est là un caractère nécessaire et suffisant en l'absence de la baryte, de la strontiane, d'une assez grande quantité d'acide sulfurique. Si ces corps existent dans la liqueur, on les précipite successivement : l'acide sulfurique par le chlorure de calcium, la baryte et la strontiane par l'addition simultanée d'ammoniaque et de carbonate d'ammoniaque.

On peut aussi appliquer cette réaction aux corps solubles mais non dissous, à condition qu'ils ne contiennent pas les corps sus indiqués. La présence de la potasse se manifeste par une coloration jaune lorsqu'on les humecte avec le réactif.

Ammonium.

Les procédés pour la recherche de l'ammoniaque ont été indiqués à propos des composés des métalloïdes (39). Il suffit d'ajouter ici que le chlorhydrate d'ammoniaque donne comme le chlorure de potassium un chlorure double en présence du chlorure de platine. Ce corps peu soluble dans l'eau, précipite en jaune si l'on concentre la liqueur, et il reste insoluble lorsqu'on reprend par l'alcool. Après calcination, le résidu est formé uniquement de platine métallique, ce qui distingue du chloroplatinate de potasse, qui par calcination donne du platine et du chlorure de potassium soluble.

Baryum.

57. Le procédé utilisé pour la recherche de la baryte repose sur la coloration verte que les sels de baryte donnent à la flamme du bec Bunsen.

Avec les dissolutions, les sels solubles, le carbonate, la réaction a lieu immédiatement; avec le sulfate, elle se produit au bout d'un instant dans la région la plus chaude de la flamme; elle n'a lieu avec le phosphate ou les silicates attaquables que si l'on humecte l'essai avec l'acide sulfurique.

On reconnaît ainsi facilement dans une liqueur la présence de moins de 1 vingt-millième de baryte.

La coloration verte est plus ou moins masquée par les sels de cuivre, les chlorures ou azotates de chaux et de strontiane et les sels alcalins.

Pour que la réaction soit nécessaire et suffisante dans la recherche de la baryte dans une dissolution, on commence par précipiter ce corps, si toutefois il existe, à l'état de sulfate de baryte. A cet effet, on ajoute dans un ballon à 10^cc de la liqueur quelques centimètres cubes d'acide chlorhydrique et un peu d'acide sulfurique. On fait bouillir et on lave le précipité, qu'on recueille sur un petit filtre. On recherche alors la baryte sur ce précipité en le portant directement dans la flamme. Les sulfates de chaux et de strontiane ne masquent pas la flamme du sulfate de baryte.

Strontium.

58. Le chlorure de strontium et le nitrate de strontiane sont caractérisés au bec Bunsen par la coloration rouge pourpre de la flamme. Celle-ci n'est pas masquée par le verre bleu de cobalt ni par la cuve à indigo.

Cette réaction permet de reconnaître dans une dissolution la présence de moins de 1 vingt-millième de strontiane. Elle est surtout nette lorsqu'a lieu le décrépitement qui se produit aussitôt que l'essai est porté dans la flamme.

La coloration est beaucoup moins sensible avec la strontiane, le carbonate et surtout le sulfate de strontiane. Pour ce dernier, il convient de le chauffer d'abord quelque temps dans la flamme éclairante, afin de réduire partiellement à l'état de sulfure. On fait apparaître la flamme des sels à acide fixe en humectant l'essai avec du chlorhydrate d'ammoniaque.

La réaction est nécessaire et suffisante en l'absence des sels de cuivre, de la baryte en excès et de la potasse.

Nous distinguerons deux cas dans la recherche de la strontiane dans les liqueurs :

1° *Il n'y a pas d'acide phosphorique.* — On ajoute à 10cc de la liqueur, 10cc d'ammoniaque et 50cc de la dissolution d'hydrogène sulfuré. On précipite ainsi tous les métaux des groupes III et V, entr'autres le cuivre. On filtre et l'on ajoute à la liqueur claire du carbonate d'ammoniaque qui précipite strontiane, baryte et chaux. On reçoit le précipité sur un filtre, on lave à l'eau bouillante afin d'entrainer la potasse, et l'on traite sur le filtre par un petit excès d'acide chlorhydrique concentré. Le chlorure de baryum, insoluble dans l'acide chlorhydrique, reste en grande partie sur le filtre, et l'on recherche la strontiane dans l'acide chlorhydrique par la coloration de la flamme.

2° *Il y a d'acide phosphorique.* — Si l'on opère comme précédemment, on risque de précipiter la totalité de la strontiane à l'état de phosphate au moment où l'on ajoute l'ammoniaque. Pour éviter cela, on additionne 10cc de la dissolution rendue légèrement chlorhydrique, de 50cc de la solution d'hydrogène sulfuré. On précipite ainsi le cuivre et les métaux des groupes IV et V. On ajoute alors de l'ammoniaque et du carbonate d'ammoniaque, et l'on traite le précipité obtenu comme il est dit dans le premier cas pour le précipité obtenu par le carbonate d'ammoniaque.

Calcium.

59. *Recherche par la voie sèche.* — Les sels de chaux donnent au bec Bunsen, dans les mêmes circonstances que les sels de strontiane, une coloration rouge jaune, qui est arrêtée par le verre de cobalt et par la cuve à indigo.

Grâce à cette réaction, on opère la recherche de la chaux comme celle de la strontiane; mais si ce corps existe en même temps dans le corps à essayer, il est presque impossible de constater la présence de la chaux.

Recherche par la voie humide. — La chaux peut être caractérisée dans les dissolutions par la précipitation de l'oxalate de chaux en liqueur ammoniacale. Le précipité se forme rapidement à l'ébullition, et la sensibilité de la réaction est telle qu'on a encore un trouble très net avec 1 cent-millième de chaux.

Premier cas. *Il n'y a pas d'acide phosphorique.* — On ajoute à 10^{cc} de la liqueur 5^{cc} d'ammoniaque et 5^{cc} de sulfate de soude. On fait bouillir pour précipiter la totalité de la baryte et de la strontiane, et l'on refroidit dans l'eau. L'addition au liquide du double de son volume d'hydrogène sulfuré précipite tous les métaux des groupes III et V. On filtre et l'on recherche alors la chaux dans la liqueur claire par l'ammoniaque et l'oxalate d'ammoniaque.

Second cas. *Il y a de l'acide phosphorique.* — Ce corps pourrait entraîner la totalité de la chaux lorsqu'on rend la liqueur ammoniacale. Avant d'appliquer le procédé précédent, il convient d'éliminer l'acide phosphorique comme il suit : on ajoute successivement à la liqueur du perchlorure de fer si besoin est, de l'ammoniaque jusqu'à formation d'un précipité, de l'acide chlorhydrique goutte à goutte jusqu'à ce que la liqueur redevienne claire ; et enfin on double le volume du liquide par addition d'acétate de soude. On fait bouillir cinq minutes et l'on filtre. L'acide phosphorique reste sur le filtre à l'état de phosphate de fer mélangé à du sous-acétate. Il reste suffisamment de chaux dans la liqueur pour qu'on puisse l'y rechercher par le procédé du premier cas.

Magnésium.

60. La recherche de la magnésie est basée sur la propriété qu'a ce corps de donner avec l'ammoniaque et le phosphate de soude un précipité blanc

cristallin de phosphate ammoniaco-magnésien. Le précipité se produit plus ou moins bien, suivant les proportions d'ammoniaque et de chlorhydrate d'ammoniaque ; cependant il est facile de reconnaître moins de 1 cent-millième de magnésie.

Il y a deux cas à distinguer dans la recherche de la magnésie.

PREMIER CAS. *Il n'y a pas d'acide phosphorique.* — On ajoute à 10^{cc} de la liqueur 5^{cc} de chlorhydrate d'ammoniaque pour empêcher la précipitation de la magnésie par l'ammoniaque, des volumes égaux d'ammoniaque et de carbonate d'ammoniaque, et 50^{cc} de la solution d'hydrogène sulfuré. On précipite ainsi les métaux des groupes III et V. La liqueur filtrée, additionnée de phosphate de soude, donne le précipité de phosphate ammoniaco-magnésien, qu'on accélère en agitant vivement avec une baguette de verre.

SECOND CAS. *Il y a de l'acide phosphorique.* — On opère de la même façon après avoir éliminé l'acide phosphorique, comme il est indiqué à propos de la chaux (59).

Aluminium.

61. La présence de l'alumine dans une dissolution peut être mise en évidence, grâce à la pro-

priété de ce corps d'être soluble dans la potasse, et d'être précipité à l'ébullition par le chlorhydrate d'ammoniaque à l'état d'hydrate d'alumine blanc.

Dans un tube à essai, 2^{cc} de la liqueur sont additionnés de 2^{cc} de lessive de potasse et de 10^{cc} de la solution d'hydrogène sulfuré. On élimine ainsi à l'état de sulfures insolubles tous les métaux pouvant précipiter par le chlorhydrate d'ammoniaque, sauf l'alumine et le sesquioxyde de chrome. La liqueur filtrée, additionnée de son volume de chlorhydrate d'ammoniaque, précipite ces deux oxydes. Si le précipité est blanc, on peut être assuré de la présence de l'alumine, et cette réaction permet de reconnaître $\frac{1}{1500}$ d'alumine dans la liqueur primitive.

Si le précipité est gris sale ou gris verdâtre par la présence de l'oxyde de chrome, on fait bouillir, on jette sur un filtre et on lave à l'eau bouillante le précipité, qu'on redissout sur le filtre par quelques centimètres cubes d'acide azotique concentré. On ajoute avec beaucoup de précautions et à froid quelques cristaux de chlorate de potasse qui transforment le chrome en acide chromique non précipitable par l'ammoniaque. La présence de l'alumine se manifeste alors par un précipité blanc jaunâtre lorsqu'on sature la liqueur par un excès d'ammoniaque.

Chrome.

62. Un corps solide quelconque contenant du chrome donne du chromate de potasse si on le fond avec la potasse et le nitre, comme il est indiqué au paragraphe 12.

On reprend par 100^{cc} d'eau et la coloration jaune de la liqueur est un caractère certain de la présence du chrome ([1]). La coloration est visible même si l'essai ne contient que $\frac{1}{4}$ de milligramme de chrome.

La réaction peut être masquée par le manganèse qui, dans les mêmes circonstances, donne une liqueur verte. On se débarrasse de ce corps par l'action du chlorhydrate d'ammoniaque (64) qui laisse persister, après filtration, la coloration jaune du chromate.

63. *Acide chromique.* — Lorsque le chrome existe dans une dissolution à l'état d'acide chromique on le reconnaît directement par les propriétés de cet acide.

Toutes les solutions contenant un chromate alcalin sont colorées, soit en jaune si la liqueur est alcaline, soit en jaune orangé si elle est acide. En

([1]) Le vanadium donne dans les mêmes circonstances du vanadate de potasse colorant également la liqueur en jaune. La coloration passe au rouge par l'addition de sulfhydrate d'ammoniaque.

liqueur alcaline, le pouvoir colorant est tel qu'on constate facilement 1 cent millième d'acide chromique.

L'addition simultanée d'acide chlorhydrique et de la solution d'hydrogène sulfuré fait passer la coloration au vert par suite de la réduction de l'acide chromique et de la formation de chlorure de chrome. Il n'y a d'incertitude que si la dissolution est fortement colorée par des sels étrangers (sels de cuivre, de nickel et de cobalt).

Un procédé de recherche plus sensible reposant sur l'insolubilité du chromate de plomb en liqueur acétique s'applique à la recherche de l'acide chromique dans toutes les solutions, colorées ou non. On ajoute à 10^{cc} de la liqueur un mélange à parties égales d'acétate de plomb et d'acide azotique jusqu'à ce qu'il n'y ait plus de précipité. L'acide sulfurique et l'acide chlorhydrique sont partiellement précipités à l'état de sels de plomb. Si l'on n'avait pas soin d'ajouter un excès d'acide azotique, l'acétate de plomb saturerait les acides forts de la liqueur avec mise en liberté d'acide acétique, et l'acide chromique serait aussi précipité. On filtre si c'est nécessaire, et la liqueur portée à l'ébullition est additionnée de son volume d'une dissolution d'acétate de soude. Le chromate de plomb précipite aussitôt en jaune, s'il y a seulement 1 millionième d'acide chromique. C'est là un caractère nécessaire et suffisant.

Manganèse.

64. Lorsqu'on fond avec la potasse et le nitre un fragment de matière contenant du manganèse, celui-ci est transformé en manganate de potasse vert, soluble. En reprenant par une dissolution de potasse caustique, on obtient une liqueur verte, et le pouvoir colorant du manganate est tel qu'il suffit de 1 cent-millième de manganèse dans la liqueur pour que la coloration soit encore très visible.

Le manganate ne peut subsister qu'en présence d'un grand excès d'alcali; aussi est-il décomposé lorsqu'on étend d'eau ou lorsqu'on sature une partie de l'alcali, soit par un acide, soit par du chlorhydrate d'ammoniaque. Le papier filtre, un grand nombre de corps poreux comme le peroxyde de fer suffisent également à décomposer le manganate; on ne peut donc pas filtrer la dissolution.

En se décomposant, le manganate donne du bioxyde de manganèse insoluble et du permanganate rouge, soluble, mais dont le pouvoir colorant est beaucoup moins grand que celui du manganate. La dissolution perd donc sa couleur verte pour prendre une teinte plus ou moins rose qui disparaît elle-même en présence de l'ammoniaque par réduction du permanganate avec précipitation d'oxyde de manganèse. La teinte rose disparaît d'ailleurs d'elle-même par l'exposition à l'air, car le permanganate est lentement réduit à l'état de bioxyde par les poussières organiques.

La recherche du manganèse est basée sur les propriétés précédentes. Un fragment de la matière est fondu avec la potasse et le nitre (12). La coloration verte de la masse n'est pas un caractère suffisant de la présence du manganèse, car elle peut être produite par d'autres oxydes métalliques; ce n'est pas non plus un caractère nécessaire s'il y a en même temps du chrome, qui, dans les mêmes conditions, donne du chromate jaune. On écrase la masse fondue et on la reprend par 50^{cc} d'une dissolution d'hydrate de potasse. Une liqueur verte indique avec certitude la présence du manganèse; une liqueur incolore prouve son absence; il n'y a doute que dans le cas d'une liqueur jaune produite par le chromate de potasse. Dans ce cas, on ajoute un excès de chlorhydrate d'ammoniaque qui précipite seulement le manganèse; on étend de beaucoup d'eau et l'on filtre. On calcine le filtre et l'on recherche le manganèse sur le résidu comme dans la substance primitive, mais il n'y a plus à craindre la présence du chrome.

Zinc.

65. Lorsqu'on traite un sel de zinc en solution fortement acétique par l'hydrogène sulfuré, on

obtient un précipité blanc de sulfure de zinc qui peut servir à caractériser ce métal.

Pour appliquer cette réaction à la recherche du zinc, on ajoute à 1^{cc} de la liqueur 1^{cc} d'acide chlorhydrique concentré et 10^{cc} de la solution d'hydrogène sulfuré. On précipite ainsi les métaux des groupes IV et V. On filtre, et la liqueur limpide est additionnée de 4^{cc} d'acide acétique et de son volume d'acétate de soude. Le zinc donne immédiatement un précipité de sulfure blanc facilement visible si la liqueur contient seulement $\frac{1}{2}$ millième de zinc.

L'addition d'acide acétique avant celle d'acétate de soude a pour but d'obtenir une liqueur suffisamment acide pour empêcher la précipitation du nickel et du cobalt.

Cette réaction est nécessaire et suffisante, mais il est aussi très facile de vérifier que le précipité est bien du sulfure de zinc. A cet effet, on le dissout par quelques gouttes d'acide chlorhydrique, on étend d'eau et l'on fait bouillir. On ajoute à ce moment une goutte d'une solution concentrée de nitrate de cobalt et l'on précipite par un faible excès de carbonate de soude. On porte encore à l'ébullition, on filtre et lave à l'eau bouillante. Le précipité formé par un composé d'oxyde de zinc et de cobalt est infusible; et si on le calcine sur une lame de platine, il se présente sous forme d'une poudre verte dont la couleur est caractéristique.

La recherche du zinc dans un corps solide peut d'ailleurs se faire directement en utilisant la coloration du composé formé avec le cobalt. On chauffe au chalumeau sur le charbon et à la flamme réductrice un peu de la substance préalablement oxydée par grillage et mélangée à un excès de carbonate de soude. La cavité du charbon ne tarde pas à s'entourer d'un enduit jaunâtre d'oxyde de zinc, si ce métal existe dans la substance. On caractérise l'enduit en l'humectant d'une goutte de nitrate de cobalt et chauffant; il prend la couleur verte déjà signalée. Cette réaction suffit pour démontrer la présence du zinc.

Fer.

66. La présence du peroxyde de fer dans une dissolution est nettement accusée par la coloration rouge sang caractéristique qu'on obtient avec le sulfocyanure de potassium. La réaction ne se produit pas en présence d'un excès de sulfocyanure; il en est de même si le seul acide libre est l'acide acétique.

Pour rechercher le fer, on additionne 1cc de la liqueur de son volume d'acide azotique et l'on fait bouillir pour peroxyder si besoin est. On étend de 10 volumes d'eau et l'addition de quelques gouttes de sulfocyanure donne en présence du fer la coloration rouge caractéristique.

La coloration est rouge sang avec 1 dix-millième

de fer; rose vif avec 1 cent-millième; rose pâle avec
1 millionième.

Lorsqu'une forte proportion de cuivre masque la
réaction, on commence par éliminer ce métal en le
précipitant par le zinc en liqueur légèrement chlorhydrique.

Nickel.

67. Si l'on traite la dissolution d'un sel de nickel
par l'ammoniaque et l'hydrogène sulfuré, on obtient
un précipité noir de sulfure de nickel. La liqueur
filtrée conserve une coloration brun loutre caractéristique.

Cette réaction très sensible permet de reconnaître
facilement $\frac{1}{2}$ millionième de nickel. Elle donne lieu
aux observations suivantes : les dissolutions étendues ne donnent d'abord aucun précipité si la
quantité d'ammoniaque est suffisamment grande
par rapport à la quantité d'hydrogène sulfuré; par
exemple la dissolution à 1 cinquante-millième de
chlorure de nickel ne se colore pas si l'on y ajoute
des volumes égaux d'ammoniaque et de la solution
d'hydrogène sulfuré, l'ammoniaque étant ajoutée
en premier lieu; on fait apparaître la couleur brun
loutre en saturant l'ammoniaque par un excès
d'hydrogène sulfuré.

C'est là un caractère très commode pour la
recherche du nickel. On ajoute à 1^{cc} de la liqueur

10cc d'ammoniaque et 10cc de la solution d'hydrogène
sulfuré et l'on filtre. Si la liqueur est colorée en brun
loutre, on peut être assuré de la présence du nickel :
si elle est incolore, on fait apparaître la coloration,
si toutefois il y a du nickel, en ajoutant un grand
excès d'hydrogène sulfuré.

Cette réaction est nécessaire et suffisante.

Cobalt.

68. On peut avoir à rechercher le cobalt dans
des substances solides ou dans des dissolutions.

Recherche dans les substances solides. — On
fait une perle de borax dans laquelle on incorpore
un peu de la substance, et l'on examine la perle à
froid. Le cobalt donne un coloration bleue caractéristique.

Ce caractère est suffisant pour indiquer la présence
du cobalt ; il est nécessaire en l'absence du cuivre
qui colore la perle en bleu et du manganèse qui la
colore en violet. On atténue beaucoup l'influence
de ces corps en faisant la perle dans la flamme
réductrice du chalumeau ; mais s'ils sont en quantité
un peu forte, il faut au préalable les éliminer.

On sépare la plus grande partie du manganèse à
l'état de manganate soluble en fondant la substance
avec le nitre et la potasse. On reprend par une
dissolution de potasse et l'on sépare le résidu in-

soluble par décantation. Dans un grand nombre de cas, la séparation du manganèse est ainsi suffisante pour qu'on ne soit plus gêné par lui dans la recherche du cobalt dans le résidu insoluble.

Pour éliminer le cuivre on dissout la substance et l'on précipite ce métal par le zinc en liqueur légèrement chlorhydrique. On évapore à sec la liqueur et l'on recherche le cobalt sur le résidu solide comme il est indiqué.

Recherche dans les dissolutions. — La présence du cobalt dans une dissolution se manifeste par une coloration rose lorsqu'on ajoute successivement de l'acide tartrique, de l'ammoniaque en excès et un peu de prussiate rouge.

Pour rechercher le cobalt, on ajoute dans un tube à essai à 10^{cc} de la liqueur 2^{cc} ou 3^{cc} d'une solution d'acide tartrique et un excès d'ammoniaque. Après avoir mélangé, on laisse tomber goutte à goutte une solution étendue de prussiate rouge. Si la proportion de cobalt n'est pas trop faible, chaque goutte produit en tombant une coloration rose qu'on communique à tout le liquide en retournant le tube fermé avec le pouce. S'il y a peu de cobalt, les gouttes successives de prussiate produisent seulement une coloration jaune. Il faut alors retourner le tube après chaque goutte et avoir soin de ne pas mettre un excès de prussiate qui colorerait la liqueur en jaune. En opérant avec précaution, on ne tarde pas à voir la coloration rose produite par le cobalt, visible surtout si l'on regarde dans l'axe du tube.

La coloration est encore nette si la dissolution primitive ne contient que 1 cent-millième de cobalt.

Les sels de fer au minimum gènent la réaction : on les fait passer au maximum en ajoutant un peu d'eau de chlore à la dissolution. On peut d'ailleurs se débarrasser des sels de fer au maximum; il suffit d'ajouter l'ammoniaque avant l'acide tartrique et de filtrer.

Le cuivre masque la coloration. Si ce corps existe, il faut d'abord le précipiter par le zinc en liqueur légèrement chlorhydrique.

Cuivre.

69. La présence du cuivre dans un composé est facile à reconnaître par voie sèche et par voie humide.

Recherche par voie sèche. — Si une substance solide légèrement humectée d'acide chlorhydrique ou une liqueur légèrement chlorhydrique communiquent à la flamme du bec Bunsen une coloration d'un beau bleu d'azur, on peut être assuré de la présence du cuivre.

La réaction se produit avec tous les composés attaquables par les acides; pour les pyrites, il est bon de griller auparavant. Elle est particulièrement commode pour reconnaître le cuivre dans le précipité complexe obtenu en liqueur chlorhydrique sur une lame de fer ou mieux sur une aiguille; on trempe alors l'aiguille dans du chlorhydrate d'ammoniaque et on l'expose simplement dans la flamme.

Recherche par voie humide. — Deux réactions peuvent servir à caractériser le cuivre dans une dissolution :

1° La coloration bleue par addition d'ammoniaque en excès.

2° La précipitation de cuivre métallique par une lame de fer en liqueur légèrement acide.

1° On ajoute à 1^{cc} de la dissolution 2^{cc} d'ammoniaque et l'on filtre si c'est nécessaire. La coloration bleue de la liqueur claire est encore très visible s'il y a seulement 1 dix-millième de cuivre.

Cette réaction n'est pas nécessaire en présence des chromates et des sels de cobalt et de nickel qui donnent eux-mêmes des colorations. Les sels de cobalt, lorsqu'on les traite par l'ammoniaque, donnent une liqueur bleue qui pourrait faire croire à la présence du cuivre; mais il suffit d'agiter la liqueur pour la faire passer au jaune. Si la liqueur est colorée en jaune par des chromates, on précipite d'abord l'acide chromique en liqueur légèrement acide par l'addition successive d'acétate de plomb et d'acétate de soude.

2° On ajoute à 10cc de la dissolution de l'acide chlorhydrique jusqu'à réaction acide. On précipite ainsi l'argent et l'on filtre si c'est nécessaire. Une lame de fer plongée dans la liqueur claire se recouvre au bout de peu de temps d'un dépôt rouge de cuivre métallique. Pour avoir un dépôt plus net, on précipite par le zinc au creuset de platine sur lequel s'effectue alors le dépôt.

On reconnaît ainsi facilement moins de 1 vingt-millième de cuivre.

Ce caractère, toujours suffisant, n'est pas nécessaire s'il y a en même temps de l'étain, de l'antimoine, du bismuth ou du plomb. Ces métaux, et en particulier les trois derniers, donnent en effet des dépôts noirs qui masquent le cuivre; mais alors on peut effectuer sur le précipité la recherche par la voie sèche.

La réaction est nécessaire et suffisante si avant la précipitation on ajoute à 10cc de la liqueur des volumes égaux d'ammoniaque et de carbonate d'ammoniaque. On précipite ainsi entr'autres corps, l'étain, l'antimoine, le bismuth, le plomb et l'argent, tandis que le cuivre reste entièrement dans la dissolution où on le recherche par la précipitation par le fer après addition d'acide chlorhydrique jusqu'à réaction faiblement acide.

Plomb.

70. Si l'on ajoute de l'acide chlorhydrique dans une liqueur concentrée contenant du plomb, on obtient un précipité blanc et lourd de chlorure de plomb, dont la solubilité varie avec la température et la proportion d'acide chlorhydrique. Il est à peu près 10 fois plus soluble dans l'eau bouillante que dans l'eau froide, et la dissolution chaude dépose par le refroidissement des cristaux lamellaires.

Pour appliquer cette réaction à la recherche du plomb, on ajoute 1^{cc} d'acide chlorhydrique à 10^{cc} de la liqueur. On fait bouillir; on filtre pour séparer des chlorures d'argent et de mercure et l'on refroidit la liqueur claire. Un précipité très net se forme si la dissolution contient plus de $\frac{1}{250}$ de plomb.

Un caractère beaucoup plus sensible de la présence du plomb est fourni par l'insolubilité du chromate de plomb dans l'acide acétique.

On ajoute à 10^{cc} de la dissolution 1^{cc} d'acide sulfurique et 1^{cc} d'acide chlorhydrique pour précipiter la baryte et l'argent qui peuvent exister dans la dissolution. La majeure partie du plomb est en même temps précipitée, mais il reste assez de ce métal dans la dissolution pour qu'on puisse constater sa présence, surtout si l'on porte à l'ébullition. On filtre la liqueur chaude et l'on y ajoute un volume égal d'acétate de soude et quelques gouttes de chromate de potasse. Le plomb donne un précipité jaune, lourd, de chromate de plomb, qui se rassemble assez vite.

On constate ainsi facilement 1 trente-millième de plomb dans la liqueur primitive.

Bismuth.

71. Le bismuth ne peut exister dans les solutions chlorhydriques qu'en présence d'un grand excès d'acide libre; les dissolutions azotiques précipitent moins facilement par l'eau, grâce à la solubilité assez grande du sous-nitrate.

La présence du bismuth est accusée par deux caractères bien tranchés, qui sont :

1° La précipitation de l'oxychlorure de bismuth par l'eau;

2° La précipitation d'un sous-oxyde noir par les dissolutions alcalines de protochlorure d'étain.

1° Dans un verre à précipité, 1ᶜᶜ de la liqueur est additionné successivement de :

> 1ᶜᶜ de chlorhydrate d'ammoniaque, et l'on filtre si c'est nécessaire;
> 1ᶜᶜ d'une dissolution d'acide tartrique;
> 2 gouttes d'acide chlorhydrique;
> 10ᶜᶜ d'eau.

On agite vivement pendant quelques minutes avec une baguette de verre. La présence du bismuth ne tarde pas à se manifester par un précipité cristallin, nacré, blanc, d'oxychlorure de bismuth qui se dissout si l'on ajoute à la liqueur le quart de son volume d'acide chlorhydrique et se précipite de nouveau quand on étend de beaucoup d'eau.

La précipitation du bismuth est ainsi complète, et l'on aperçoit encore un trouble très net si la liqueur primitive contient seulement 1 dix-millième de bismuth.

Si la liqueur est simplement chlorhydrique, il est inutile d'ajouter du chlorhydrate d'ammoniaque.

L'acide tartrique n'intervient que pour empêcher la précipitation de l'antimoine et de l'étain.

2° Pour appliquer le second caractère, il est commode d'opérer par liquides superposés.

Dans un tube à essais, 5^{cc} ou 6^{cc} d'une solution concentrée d'hydrate de potasse sont additionnés d'un peu de protochlorure d'étain; on facilite la dissolution en chauffant, et l'on refroidit ensuite par immersion dans l'eau.

D'un autre côté, on ajoute à 1^{cc} de la liqueur à essayer 1^{cc} d'acide chlorhydrique, et l'on filtre s'il y a lieu. La liqueur claire est alors versée avec précaution dans la dissolution de protochlorure d'étain, et l'on a soin de ne pas mélanger. Un précipité noir apparaît aussitôt au contact des liquides et se répand peu à peu dans toute la masse. S'il y a très peu de bismuth, on aperçoit seulement un anneau brun noir.

On peut ainsi facilement constater moins de 1 cent-millième de bismuth.

Cette réaction est nécessaire et suffisante. L'addition d'acide chlorhydrique à la liqueur a pour but de précipiter l'argent qui serait également réduit par le protochlorure d'étain. Dans les mêmes conditions, l'or donne un précipité ou une coloration rouge pourpre ou violette. Le mercure est précipité à l'état métallique sous forme d'une poudre grise ; et le platine, en passant à l'état de protochlorure, peut donner une coloration rouge brun.

Étain.

72. Si dans la solution chlorhydrique d'un sel d'étain on ajoute un morceau de zinc, l'étain est précipité à l'état métallique. Le précipité se dissout dans l'acide chlorhydrique concentré, et le protochlorure d'étain formé réduit le mélange de prussiate rouge et de perchlorure de fer et donne un précipité bleu de Prusse ou simplement une coloration bleue.

Pour appliquer cette réaction à la recherche de l'étain dans une dissolution chlorhydrique, on verse 10^{cc} de celle-ci dans un creuset de platine et l'on y ajoute, s'il est besoin, de l'acide chlorhydrique de façon à avoir une liqueur contenant à peu près 10 pour 100 d'acide libre. Un morceau de zinc ajouté dans le creuset ne tarde pas à déposer un précipité gris d'étain sur le platine; il est difficile de voir ce précipité si la proportion d'étain est un peu faible. On passe plusieurs fois de l'eau dans le creuset afin d'enlever tous les sels de fer qui donneraient également un précipité bleu de Prusse, et l'on promène sur la surface primitivement mouillée par le liquide en essai quelques gouttes d'acide chlorhydrique concentré. L'étain précipité se dissout à l'état de protochlorure.

On a préparé d'un autre côté la liqueur de ferricyanure. On l'obtient en ajoutant du prussiate rouge à quelques gouttes de perchlorure de fer et de l'eau en quantité suffisante pour que la coloration verte de la liqueur ne soit pas trop foncée. Cette liqueur est alors ajoutée peu à peu à la dissolution de protochlorure d'étain contenue dans un tube à essais. La réduction est instantanée et la présence de l'étain se manifeste par le précipité bleu de Prusse, ou simplement par la coloration bleue.

La sensibilité de la réaction est assez grande pour qu'on reconnaisse facilement moins de $0^{gr},002$ d'étain dans les 10^{cc} soumis à l'essai, c'est-à-dire moins de $\frac{1}{5000}$ d'étain.

Ce caractère est nécessaire: il n'est pas suffisant en présence du cuivre. Ce métal donne en effet du protochlorure qui réduit également le prussiate

rouge. Dans ce cas, on ajoute à 10ᶜᶜ de la dissolution primitive un léger excès d'ammoniaque et du
carbonate d'ammoniaque. On fait bouillir, on filtre
et lave à l'eau bouillante. On précipite ainsi l'étain
à l'état d'hydrate d'oxyde, peut-être mélangé à un
peu d'acide métastannique; le cuivre reste entièrement dans la liqueur. On redissout le précipité sur
le filtre par 2ᶜᶜ d'acide chlorhydrique; on étend de
10ᶜᶜ d'eau, et l'on opère la recherche de l'étain,
comme il est primitivement indiqué.

Antimoine.

73. Un morceau de zinc, ajouté à une dissolution
chlorhydrique d'antimoine dans un creuset de platine, donne sur les parois du creuset un précipité
noir d'antimoine métallique qui ne se produit bien
qu'en l'absence d'acide azotique.

On opère sur 10ᶜᶜ de liqueur contenant environ
10 pour 100 d'acide chlorhydrique libre. Des taches
noires se forment aussitôt après l'addition du zinc,
et elles envahissent bientôt toute la surface mouillée.
S'il y a peu d'antimoine, la coloration est seulement
gris noir, et elle est surtout intense au voisinage de
la surface du liquide où elle forme comme un
anneau.

On reconnaît ainsi facilement la présence de
$\frac{1}{4}$ de milligramme d'antimoine dans les 10ᶜᶜ soumis
à l'essai, soit 1 quarante-millième d'antimoine.

Cette réaction ne peut pas être appliquée telle quelle à la recherche de l'antimoine dans une liqueur. Dans les mêmes circonstances, on précipite en effet cuivre, plomb, bismuth, et les deux derniers métaux masquent complètement l'antimoine. On procède alors comme il suit :

10^{cc} de la liqueur neutralisée par l'ammoniaque sont additionnés de 20^{cc} de sulfhydrate et l'on filtre. On sépare ainsi les métaux des groupes III et V. et entr'autres le cuivre, le plomb et le bismuth. La liqueur portée à l'ébullition laisse d'abord déposer un précipité jaune de soufre; puis, par une ébullition prolongée, l'antimoine précipite à l'état de sulfure orangé et plus tard l'étain à l'état de sulfure brun ou jaune. On isole le précipité sur un filtre et on le dissout par un peu d'acide chlorhydrique concentré. On étend la dissolution de 10 fois son volume d'eau et l'on précipite alors par le zinc comme il est indiqué.

La dissolution sulfhydratée d'antimoine n'est décomposée que par une ébullition prolongée; on peut précipiter le sulfure d'antimoine plus rapidement et plus complètement en saturant la liqueur par l'acide chlorhydrique étendu.

L'étain précipite sur le platine en même temps que l'antimoine, mais la couleur grise de ce métal ne masque nullement la couleur noire de l'antimoine.

Si l'on n'a pas à sa disposition un creuset de

platine, on peut simplement précipiter l'antimoine dans une liqueur à 10 pour 100 d'acide chlorhydrique sur une lame de plomb préalablement décapée dans l'acide azotique.

La présence de l'antimoine dans un composé peut être décelée comme celle de l'arsenic et avec le même degré de sensibilité par des taches brunes et brillantes à l'appareil de Marsh. C'est là un caractère nécessaire et suffisant en l'absence d'arsenic.

Mercure.

74. *Recherche dans les corps solides*. — On introduit un peu de la substance bien porphyrisée dans un petit tube bouché, et par-dessus, un fragment d'hydrate de potasse. Au rouge naissant, l'oxyde de mercure déplacé est décomposé et le mercure volatilisé donne, dans la partie froide, de petits globules de mercure facilement visibles à la loupe.

Recherche dans les dissolutions. — Quelques gouttes de la dissolution faiblement acide placées sur une lame de cuivre bien décapée donnent au bout de quelque temps une tache blanche, qui paraît brillante et blanc d'argent si on la frotte avec un morceau de papier. La tache disparaît d'ailleurs si l'on chauffe la lame de cuivre, car le mercure est volatilisé.

La réaction peut être masquée par certains métaux, tels que l'antimoine, qui précipite en même temps sur le cuivre.

Argent.

75. On ajoute à 1^{cc} de la dissolution 1^{cc} d'acide azotique et l'on porte à l'ébullition pour peroxyder les sels de mercure. On étend de 10^{vol} d'eau, et l'addition d'une goutte d'acide chlorhydrique donne en présence de l'argent un précipité blanc de chlorure d'argent qui est soluble dans l'ammoniaque et devient violet à la lumière.

Cette réaction, nécessaire et suffisante, permet de reconnaître 1 cinq-cent-millième d'argent dans la dissolution.

Or.

76. La valeur considérable de l'or oblige à chercher de très faibles proportions de ce métal : c'est pourquoi on a été conduit à des procédés permettant d'opérer sur de grandes quantités de matière. Le plus souvent on concentre l'or dans un culot de plomb d'où on l'extrait par coupellation : mais on peut aussi le dissoudre et le précipiter ensuite de cette dissolution.

Recherche de l'or dans une dissolution. — S'il s'agit d'une dissolution donnée dans un laboratoire à titre d'exercice d'analyse de mélanges de sels ou de la dissolution d'un alliage, il suffit d'opérer sur quelques centimètres cubes de la liqueur; mais si la dissolution provient de l'attaque par le chlore d'un minerai aurifère, il faut faire l'essai au moins sur 100^{cc}.

On ajoute à la liqueur quelques gouttes d'acide chlorhydrique afin d'être bien sûr de l'absence de l'argent, puis de l'acide sulfurique jusqu'à ce qu'il n'y ait plus de précipité. On fait bouillir et l'on filtre. Si la quantité d'or n'est pas trop faible, l'addition de sulfate de protoxyde de fer donne à l'ébullition un précipité d'or métallique et la liqueur vue par réflexion paraît bleu noirâtre. Le précipité recueilli et comprimé avec une lame de couteau devient jaune d'or.

On peut remplacer le sulfate de fer par une dissolution d'acide sulfureux. On obtient alors à l'ébullition soit un précipité d'or métallique, soit une coloration rose due à la formation d'un sous-oxyde d'or. On peut ainsi reconnaître $0^{gr},001$ d'or dans 100^{cc} de la liqueur.

Si la liqueur contient du platine, qui précipite en même temps que l'or, on ajoute du chlorhydrate d'ammoniaque, on évapore presque à sec, et l'on reprend par l'alcool. Le platine est totalement précipité à l'état de chloroplatinate et l'or reste dans la liqueur où on le recherche par les procédés indiqués.

Platine.

77. Le chlorure de platine donne en présence du chlorhydrate d'ammoniaque un précipité jaune de chloroplatinate d'ammoniaque, insoluble dans l'alcool, peu soluble dans l'eau et les acides étendus, soluble à chaud dans une lessive de soude.

On ajoute à 1^{cc} de la liqueur 1^{cc} d'acide chlorhydrique et un peu de chlorhydrate d'ammoniaque. Si le platine est en quantité notable, on obtient immédiatement le précipité jaune, sinon on provoque sa formation en évaporant presque à sec et reprenant par l'alcool. Le précipité calciné donne un résidu noir de platine métallique.

TROISIÈME PARTIE.

MARCHE SYSTÉMATIQUE DE L'ANALYSE QUALITATIVE.

Nous envisagerons ici séparément l'analyse d'une dissolution et celle d'un corps solide. La marche à suivre est différente dans les deux cas : certains corps sont difficiles à reconnaître dans une dissolution, tandis que leur recherche dans un composé solide est immédiate ; d'autres, au contraire, ne peuvent être recherchés que dans des liqueurs. Or il y a toujours intérêt à commencer par déterminer les corps les plus faciles ; la recherche des autres se trouve ensuite de beaucoup facilitée et simplifiée.

De plus, comme l'analyse des alliages présente quelques particularités, nous lui avons consacré un Chapitre spécial.

I. — ANALYSE D'UNE DISSOLUTION.

I. — RECONNAISSANCE DES ACIDES DES MÉTALLOÏDES.

78. La méthode la plus simple est de prendre la liste des acides et de rechercher chacun d'eux successivement en essayant leurs réactions caractéristiques. L'ordre à suivre dépend des renseignements que l'on possède sur la nature de la dissolution, et, en l'absence de tout renseignement, de la rareté plus ou moins grande des divers acides et surtout de la netteté et de la simplicité des réactions. Il y a avantage évident à commencer par les essais les plus simples.

Pour la recherche d'un grand nombre d'acides, il vaut mieux opérer sur une matière à l'état solide. On évapore à sec un certain volume de la dissolution, et l'on fait les essais partie sur le résidu solide et partie sur la dissolution.

Avant tout essai et pour éviter les accidents, on s'assure que la liqueur ne contient pas un *chlorate* (49); et, si l'on constate la présence de l'acide chlorique, il faut éviter avec soin l'action ultérieure des acides concentrés sur une quantité un peu grande de la dissolution ou du résidu solide.

Recherches sur le résidu solide.

79. 1° On essaie l'action de l'acide azotique sur un

peu de la matière; la présence de l'*acide carbonique* se manifeste par une effervescence plus ou moins vive, et le gaz qui se dégage trouble l'eau de chaux (**29**).

2° On reconnaît un *composé quelconque du soufre* par le procédé des baguettes de charbon sodé (**30**).

3° La calcination dans un tube bouché avec du charbon et du carbonate de soude accuse la présence de l'*arsenic* par la formation d'un anneau miroitant brun noir (**42**).

4° On porte dans la flamme extérieure du bec Bunsen un essai humecté d'acide sulfurique. Une coloration verte caractérise l'*acide borique* (**51**).

5° Enfin on essaie de produire du fluorure de silicium gazeux en ajoutant à la matière soit du sable, si l'on recherche l'*acide fluorhydrique*, soit du fluorure de calcium, si l'on recherche la *silice*. Dans les deux cas, on chauffe légèrement au creuset de platine avec de l'acide sulfurique concentré, et l'on constate le fluorure de silicium par une goutte d'eau qui se recouvre de silice (**52** et **53**).

Recherches sur la dissolution.

80. On fait d'abord deux essais spéciaux pour reconnaître :

1° L'*acide azotique* par l'acide sulfurique et le sulfate de protoxyde de fer (37) :

2° L'*acide phosphorique* par le nitromolybdate d'ammoniaque et le nitrate d'ammoniaque (41).

3° Si l'essai du résidu solide par les baguettes de charbon sodé a indiqué la présence d'un composé du soufre, on recherche — l'*acide sulfurique* par le chlorure de baryum (34) : — l'*acide sulfhydrique* par la dissolution d'oxyde de plomb dans la potasse (33) ; et, s'il y a lieu, les *acides sulfureux et hyposulfureux* comme il est indiqué dans les *Recherches spéciales* (35 et 36).

4° De même, si l'on a trouvé de l'arsenic au tube bouché, on examine s'il est à l'état d'acide arsénieux ou d'acide arsénique. A cet effet, on ajoute de la mixture magnésienne à quelques centimètres cubes de la liqueur. L'*acide arsénique* est précipité à l'état d'arséniate ammoniaco-magnésien où l'on recherche l'arsenic par le tube bouché (42). On évapore à sec la liqueur exempte d'acide arsénique, et la présence de l'*acide arsénieux* est alors facile à reconnaître également au tube bouché (42).

5° On acidifie une certaine quantité de la liqueur par l'acide nitrique et l'on ajoute du nitrate d'argent. S'il n'y a pas de précipité, on conclut à l'absence des acides chlorhydrique, bromhydrique, iodhydrique, cyanhydrique. S'il y a un précipité, on recherche sur la liqueur primitive — l'*acide iodhydrique* par la coloration bleue de l'empois d'amidon après qu'on a mis l'iode en liberté par l'acide sulfurique et l'azotite de potasse (45); — l'*acide bromhydrique* par l'eau de chlore et le sulfure de carbone (46); — l'*acide cyanhydrique* par transformation en sulfocyanure qui donne avec le perchlorure de fer une coloration rouge sang (40); — l'*acide chlorhydrique* par la solubilité du chlorure d'argent dans l'ammoniaque étendue de 20 fois son volume d'eau (47).

II. — RECONNAISSANCE DES BASES.

81. Le nombre considérable des métaux rend la méthode de recherche directe fort longue et expose à un grand nombre d'essais inutiles. Il est avantageux de commencer l'analyse par la méthode dichotomique fondée sur l'emploi de l'hydrogène sulfuré, du sulfhydrate d'ammoniaque et du carbonate d'ammoniaque.

En général, la connaissance des acides contenus dans la dissolution simplifie beaucoup la recherche des bases; quelques-unes en effet ne peuvent exister dans la liqueur en même temps que certains acides; par exemple, la baryte et l'acide sulfurique, l'argent et les acides chlorhydrique, bromhydrique.

iodhydrique, cyanhydrique en liqueur acide, etc.

Dans tous les cas, avant de procéder à la recherche des bases, il faut vérifier l'absence de l'acide phosphorique qui donne des réactions pouvant induire en erreur.

La dissolution ne contient pas d'acide phosphorique.

82. 1° On ajoute à une partie de la liqueur le $\frac{1}{10}$ de son volume d'acide chlorhydrique, et l'on fait passer un courant d'hydrogène sulfuré. S'il n'y a pas de précipité, on est certain de l'absence des métaux du IVᵉ et du Vᵉ groupe.

Étain.	Mercure,
Antimoine.	Argent,
Cuivre.	Or,
Plomb,	Platine.
Bismuth.	

Un précipité orangé indique la présence de l'antimoine; un précipité jaune ou brun indique celle de l'étain. Les autres métaux précipitent en noir. En liqueur concentrée, le plomb ne précipite pas immédiatement, ce qui peut induire en erreur; dans tous les cas, on détermine sa précipitation en étendant la liqueur de beaucoup d'eau.

2° La liqueur filtrée est additionnée d'ammoniaque et de sulfhydrate d'ammoniaque. On précipite tous les métaux du IIIe groupe :

Alumine,	Zinc,
Chrome,	Nickel,
Manganèse,	Cobalt.
Fer,	

L'alumine et le sulfure de zinc sont blancs. l'oxyde de chrome vert, le sulfure de manganèse rose : les sulfures de fer, de nickel et de cobalt sont noirs.

3° On ajoute à la liqueur filtrée du carbonate d'ammoniaque qui précipite les terres alcalines :

Baryte,	Chaux.
Strontiane.	

Cette série d'opérations donne donc trois précipités A, B, C, obtenus :

A, par l'hydrogène sulfuré en liqueur chlorhydrique,

B, par l'ammoniaque et le sulfhydrate,

C, par le carbonate d'ammoniaque,

et une liqueur, D, qui ne contient plus que

Magnésie,	Potasse,
Soude,	Ammoniaque.

Les séparations ainsi obtenues sont nettes, sauf pour les métaux limites qui peuvent exister à la fois dans un précipité et dans la liqueur. C'est ainsi que la précipitation du plomb est incomplète en liqueur trop acide, et que le nickel, le cobalt. le zinc sont partiellement précipités en liqueur peu acide, ou entraînés par les autres métaux.

4° Il est commode de rechercher dans A, le cuivre, le mercure, l'antimoine et l'étain.

α. On dissout une parcelle du précipité dans quelques gouttes d'acide azotique, on évapore à sec et l'on porte le résidu humecté d'acide chlorhydrique dans la flamme du bec Bunsen. Le *cuivre* donne une coloration bleu d'azur (69).

β. Le *mercure* est facilement mis en évidence si l'on calcine un peu du précipité dans un tube bouché avec un fragment d'hydrate de potasse (74).

γ. On fait digérer pendant quelques minutes ce qui reste des précipités avec du sulfhydrate d'ammoniaque jaune; on dissout ainsi sûrement les sulfures d'étain et d'antimoine qu'on précipite de nouveau dans la liqueur filtrée par une ébullition un peu prolongée. Un précipité orangé indique alors l'antimoine. On filtre et le précipité est dissous dans quelques gouttes d'acide chlorhydrique qu'on étend ensuite de 10^{vol} d'eau; puis on précipite par le zinc dans le creuset de platine. L'*antimoine* donne un précipité noir caractéristique (73); l'*étain*, un précipité cristallin gris facilement soluble dans l'acide chlorhydrique, et sa dissolution forme un précipité bleu de Prusse dans le mélange de perchlorure de fer et de prussiate rouge (72).

5° On recherche sur le précipité B tous les métaux du III° groupe.

α. On fond un fragment de la matière avec la potasse et le nitre (12), et l'on reprend par une dissolution de soude caustique. Une liqueur verte indique le *manganèse;* une liqueur jaune indique le *chrome.* Si ces corps peuvent exister simultanément, on applique à la liqueur jaune ou verte les procédés de recherche indiqués dans les *Recherches spéciales* (62 et 64).

Dans tous les cas, après la reprise par la lessive de potasse, on a soin de séparer par décantation la matière insoluble qu'on lave une ou deux fois, également avec une lessive de potasse, afin d'enlever aussi bien que possible le manganate. C'est sur cette matière qu'on recherche le *cobalt* par la coloration bleue de la perle de borax (68).

β. On dissout ce qui reste du précipité B par un peu d'acide chlorhydrique concentré; on fait bouillir et l'on filtre après avoir étendu de 10^{vol} d'eau. On recherche alors successivement sur cette dissolution :

Le *fer* par le sulfocyanure (66);

Le *nickel* par l'ammoniaque et l'hydrogène sulfuré (67);

Le *zinc* par l'hydrogène sulfuré et l'acétate de soude (65);

L'*alumine* par la potasse, l'hydrogène sulfuré et le chlorhydrate d'ammoniaque (61).

6° Le précipité C est utilisé pour la recherche des terres alcalines. On le traite sur le filtre par un excès d'acide chlorhydrique concentré, qui dissout la chaux, la strontiane et très peu de baryte. La *strontiane* est caractérisée dans la dissolution chlorhydrique par la coloration rouge pourpre de la flamme du bec Bunsen (58).

On lave le filtre avec un peu d'eau qu'on reçoit dans la dissolution chlorhydrique. S'il se forme à ce moment un précipité, on est certain de la présence de la baryte. On ajoute de l'acide sulfurique après avoir étendu d'eau et l'on fait bouillir. La baryte et la strontiane sont totalement précipitées en même temps qu'une partie de la chaux.

La présence de la *baryte* est facile à reconnaître dans le précipité par la coloration verte que celui-ci communique à la flamme du bec Bunsen (57).

La liqueur filtrée est additionnée d'ammoniaque et d'oxalate d'ammoniaque; la *chaux* donne un précipité blanc (59).

7° Pour rechercher la magnésie dans la liqueur D, il suffit d'y ajouter un peu de phosphate de soude; la *magnésie* est caractérisée par un précipité blanc de phosphate ammoniaco-magnésien (60).

8° Quant aux *alcalis* et aux métaux du Vᵉ groupe, *plomb, bismuth, argent, or* et *platine*, on les recherche directement sur la dissolution primitive

par des opérations spéciales (39, 55, 56, 70, 71.
75, 76 et 77).

La dissolution contient de l'acide phosphorique.

83. Le précipité B peut contenir des terres alcalines et de la magnésie à l'état de phosphates; il
est même possible que ces corps soient entièrement
précipités. C'est pourquoi, afin d'éviter des essais
inutiles, on ajoute du carbonate d'ammoniaque en
même temps que l'ammoniaque et le sulfhydrate.
On précipite ainsi les métaux du IIIe groupe et
les métaux alcalino-terreux. On recherche les premiers comme précédemment; pour les seconds, on
dissout le précipité dans l'acide chlorhydrique et
l'on applique à la dissolution les procédés de
recherche spéciaux indiqués dans la seconde Partie (57, 58, 59).

Quant à la magnésie, on s'assure de son absence
en appliquant à la dissolution primitive le procédé
de recherche spécial également indiqué dans la
seconde Partie (60).

II. — ANALYSE D'UNE SUBSTANCE SOLIDE.

84. L'analyse qualitative complète ne peut être
entreprise qu'après la dissolution de la substance.
mais il est bon de faire auparavant une série d'essais

qui permettent de reconnaître un grand nombre de corps pouvant être détruits ou transformés par les agents de dissolution, ou plus faciles à rechercher sur la substance solide. On essaie ensuite de dissoudre par l'eau bouillante, et, si la dissolution n'est que partielle, on attaque successivement par l'acide chlorhydrique, l'eau régale et le carbonate de soude.

Essais sur la substance solide.

85. 1° Dans une petite capsule on traite une parcelle du corps par un peu d'acide sulfurique concentré; par l'odeur qui se dégage on reconnaît immédiatement un *hypochlorite* (48), un *chlorate* (49) ou un *sulfite* (35), et dans certains cas un *sulfure*, un *cyanure* (40) ou un *fluorure* (53). Des vapeurs rutilantes caractérisent un *azotite*; mais s'il est nécessaire d'ajouter une tournure de cuivre pour les produire, on est assuré de la présence de l'*acide azotique* (37).

2° On essaie l'action de l'acide azotique sur le corps dans un tube bouché (29); un dégagement de gaz troublant l'eau de chaux indique un *carbonate*.

3° La présence d'un *composé quelconque du soufre* est accusée par l'essai sur les baguettes de charbon sodé (30).

4° On chauffe dans un petit tube bouché un fragment de la matière avec du carbonate de soude ; on casse le tube et l'on écrase le petit culot sur une pièce d'argent, tout en l'humectant avec une goutte d'eau ; la formation d'une tache noire indique la présence d'un *sulfure*. On chauffe encore dans un tube bouché, avec du charbon et du carbonate de soude ; l'*arsenic* donne un anneau miroitant noir brun ; le *mercure*, des gouttelettes métalliques facilement visibles à la loupe.

5° L'essai à la flamme du bec Bunsen permet de reconnaître un grand nombre de corps.

α. On humecte avec une goutte d'acide sulfurique, on sèche et l'on porte dans la flamme extérieure (51) ; l'*acide borique* se manifeste par une coloration verte.

β. On porte le même essai dans la flamme chaude ; une coloration verte indique la *baryte* ou le *cuivre*.

γ. On mélange l'essai avec un peu de gypse et l'on porte dans la flamme chaude ; la *soude* est caractérisée par une flamme jaune, la *potasse* par une flamme bleu violet visible à travers la cuve à indigo.

δ. On humecte un essai avec de l'acide chlorhydrique et du chlorhydrate d'ammoniaque. Dans la flamme extérieure, le *cuivre* donne une coloration bleu d'azur.

ε. Le même essai porté humide dans la flamme

chaude indique la *strontiane* par une flamme rouge pourpre visible à travers la cuve à indigo, tandis que la flamme jaune rouge de la *chaux* est arrêtée dans les mêmes circonstances.

6° Un *cyanure* se reconnaît facilement si l'on chauffe la substance sur le fil de platine avec de l'hyposulfite de soude (40). Il y a formation de sulfocyanure qu'on caractérise par le perchlorure de fer.

7° On chauffe dans un tube à essai un peu de la matière avec une lessive concentrée de soude ou de potasse; l'odeur vive et pénétrante de l'*ammoniaque* suffit à faire reconnaître ce corps.

8° La fusion à la flamme intérieure du chalumeau sur le charbon, et avec un peu de carbonate de soude, donne, s'il y a du *zinc*, un enduit jaunâtre qui devient vert si on le chauffe après l'avoir imprégné d'une goutte de nitrate de cobalt (65).

9° On recherche le *fluor* et la *silice* comme il est indiqué dans les *Recherches spéciales* (52 et 53).

10° On fond un peu de la substance avec la potasse et le nitre pour dissoudre le *chrome* et le *manganèse* qu'on reconnaît ensuite par les propriétés du chromate et du manganate (62 et 63). Après la reprise par une lessive de potasse, on incorpore un peu du résidu insoluble dans une

perle de borax : une perle bleue à froid indique le
cobalt.

Essais sur les dissolutions.

86. 1° On fait bouillir une certaine quantité du
corps avec 10 ou 12 fois son poids d'eau dis-
tillée. Si la dissolution est complète, on recherche
dans la liqueur les acides non encore trouvés (80)
et les bases qui peuvent exister en dissolution
aqueuse avec les acides présents (81, 82 et 83).

2° Si le corps n'est que partiellement soluble,
on peut se contenter de rechercher sur la dissolution les acides azotique, chlorhydrique, bromhydrique et iodhydrique, et l'on essaie de dissoudre
le résidu insoluble successivement par l'acide chlorhydrique concentré (8) et par l'eau régale (10). Si
la dissolution est complète, on ajoute la liqueur à
la dissolution dans l'eau et l'on recherche alors les
acides et les bases comme il est indiqué (81-83).

3° Si l'acide chlorhydrique et l'eau régale n'at-
taquent pas complètement la substance, on procède
à la désagrégation par les carbonates alcalins (11).
On reprend par l'eau, et sur cette dissolution on
recherche les acides (80), tandis que la liqueur
qui résulte de la reprise du résidu par l'acide
chlorhydrique étendu sert à la recherche des bases
(81, 82 et 83).

III. — ANALYSE D'UN ALLIAGE.

87. Pour faire l'analyse d'un alliage, on attaque directement celui-ci par l'acide azotique concentré (9). La réaction est très vive, et lorsqu'elle est terminée on étend de 3 ou 4^{vol} d'eau afin de dissoudre les azotates d'argent, de mercure, de bismuth, de plomb, de nickel, de cobalt, de chaux, de baryte, de strontiane et de soude, qui sont insolubles ou très peu solubles dans l'acide azotique concentré. On isole le résidu insoluble par décantation et on le lave plusieurs fois à l'eau azotique.

Ce résidu insoluble contient :

1° Les métaux qui ne sont pas attaqués par l'acide azotique : *or* et *platine.*

2° Les métaux oxydés par l'acide azotique, mais dont les oxydes ne se dissolvent pas en quantité notable, ni dans l'eau, ni dans un excès d'acide : *antimoine* et *étain.*

La liqueur contient tous les autres métaux à l'état d'azotates solubles dans l'eau ou dans un excès d'acide.

Analyse du résidu insoluble.

88. 1° Si le résidu est métallique, on est certain de la présence de l'or ou du platine. On le dissout par un peu d'eau régale, on ajoute du chlorhydrate d'ammoniaque et l'on évapore à sec. La reprise par l'alcool laisse le *platine* insoluble à l'état de chloroplatinate d'ammoniaque (77), et l'on reconnaît l'*or* dans la liqueur par la dissolution d'acide sulfureux (76).

2° Si le résidu est blanc et pulvérulent, il est dû à de l'oxyde d'antimoine ou à de l'oxyde d'étain. On le traite par un peu d'acide chlorhydrique bouillant; on étend de 10^{vol} d'eau, et l'on précipite par le zinc au creuset de platine. Un précipité noir caractérise l'*antimoine;* un précipité cristallin gris indique l'étain. Dans tous les cas, on dissout le précipité par un peu d'acide chlorhydrique concentré, et l'*étain* est mis en évidence dans la dissolution par le prussiate rouge et le perchlorure de fer (72).

Analyse de la dissolution des nitrates.

89. On évapore presque à sec afin d'éliminer la plus grande partie de l'acide azotique qui gênerait dans les réactions ultérieures, notamment dans la précipitation par l'hydrogène sulfuré. On reprend par de l'eau légèrement chlorhydrique, et, s'il reste un résidu blanc, on est assuré de la présence du *bismuth*. Le nitrate de bismuth est en effet décomposé par l'eau et donne du sous-nitrate peu soluble.

Quant à la dissolution, elle est traitée par la

méthode générale (81). Elle peut d'ailleurs contenir du platine si l'alliage était riche en argent; mais elle ne contient dans tous les cas que peu ou point d'étain, d'antimoine et de bismuth.

IV. — EXEMPLES D'ANALYSE QUALITATIVE.

Résidu de la combustion de la poudre.

L'analyse de ce résidu est analogue à celle du foie de soufre et peut servir d'exemple pour la recherche des composés du soufre. On peut, en effet, y trouver des sulfures, des hyposulfites, des sulfites et des sulfates.

On dissout dans l'eau quelques grammes de la substance et l'on fait toutes les recherches sur la dissolution.

1° 10^{cc} de la liqueur sont additionnés de chlorure de baryum jusqu'à ce qu'il n'y ait plus de précipité. On reconnaît ainsi la présence de *l'acide sulfurique*.

On filtre et l'on ajoute à la liqueur claire quelques gouttes d'une dissolution d'iode dans l'iodure de potassium. S'il y a de *l'acide sulfureux*, il est transformé en un acide sulfurique qui précipite en blanc par l'excès de chlorure de baryum.

2° On ajoute à 10 nouveaux centimètres cubes

de la dissolution du nitrate d'argent jusqu'à ce qu'il n'y ait plus de précipité. La formation même d'un précipité noir indique la présence de l'*acide sulfhydrique*. On filtre et l'on porte la liqueur claire à l'ébullition. S'il y a un *hyposulfite*, il réduit le nitrate d'argent et donne un précipité noir de sulfure d'argent qui, lavé, doit accuser la présence du soufre par les baguettes de charbon sodé.

Sel gemme.

1° On recherche directement sur la substance solide la *soude* et la *potasse* par la coloration de la flamme du bec Bunsen.

2° On traite par l'eau bouillante quelques grammes de la substance; le résidu insoluble est généralement formé d'argile, de sable et d'oxyde de fer; la dissolution peut contenir avec l'acide chlorhydrique et la soude

$$\text{les acides.....} \begin{cases} \text{sulfurique,} \\ \text{azotique,} \\ \text{iodhydrique;} \end{cases}$$

$$\text{et les bases...} \begin{cases} \text{potasse,} \\ \text{chaux,} \\ \text{magnésie.} \end{cases}$$

a. On reconnaît immédiatement l'*acide sulfurique* par le chlorure de baryum, et l'*acide azotique* par l'acide sulfurique et le sulfate de fer.

2. Ce qui reste de la liqueur additionnée de chlorhydrate d'ammoniaque, d'ammoniaque et d'oxalate d'ammoniaque donne un précipité blanc s'il y a de la *chaux*. On filtre, et la liqueur claire se trouble par l'addition d'un peu de phosphate de soude s'il y a de la *magnésie*.

3° Pour reconnaître l'iode qui, généralement, est en très petite quantité, on ajoute à une dizaine de grammes de la matière 10 ou 12^{cc} d'eau, un peu de la solution d'empois d'amidon, et quelques gouttes d'acide sulfurique et d'azotite de potasse. La présence de l'*iode* se manifeste par la coloration bleue.

Calcaire phosphaté.

On décèle la présence du phosphate de chaux dans un calcaire en dissolvant une parcelle de celui-ci dans l'acide l'azotique et essayant l'action de la dissolution sur la liqueur molybdique. On peut ensuite rechercher le sulfate de chaux, la magnésie, les alcalis, la pyrite de fer, l'oxyde de fer, l'oxyde de manganèse, l'argile et le quartz.

1° On fait bouillir 1^{gr} de la substance avec 100^{cc} d'eau ; le *sulfate de chaux* se dissout partiellement, et on le reconnaît par l'addition de chlorure de baryum qui, dans la liqueur filtrée, forme avec l'acide sulfurique un précipité blanc. Les pyrites altérées donnent d'ailleurs la même réaction.

2° On humecte une petite quantité de la substance par l'acide sulfurique et l'on porte dans la flamme du bec Bunsen ; les *alcalis* sont ainsi immédiatement caractérisés.

3° La fusion avec le nitre et la potasse permet de reconnaître le *manganèse*.

4° Pour la recherche de la pyrite, on calcine avec du carbonate de soude un fragment de la matière dans un petit tube bouché. On écrase le culot sur une pièce d'argent et l'on humecte avec un peu d'eau. Le soufre des *pyrites*, maintenant à l'état de sulfure de sodium, donne une tache noire caractéristique.

5° On dissout 1^{gr} ou 2^{gr} de la matière par de l'acide chlorhydrique étendu. Le résidu est formé de *quartz* et d'*argile*, et ces corps se reconnaissent immédiatement à la loupe.

On ajoute à la dissolution un excès de perchlorure de fer et l'on sature d'abord par l'ammoniaque. puis par le carbonate de soude jusqu'à ce que la liqueur prenne une teinte foncée; la liqueur est encore à ce moment légèrement acide. L'addition d'acétate de soude suffit alors à précipiter l'acide phosphorique à l'état de phosphate de fer à peu près insoluble dans l'acide acétique, et, si l'on porte à l'ébullition pendant quelques minutes, on précipite la totalité de l'excès de fer à l'état de sous-acétate. On filtre et l'on ajoute à la liqueur du chlorhydrate d'ammoniaque, de l'ammoniaque et de l'oxalate d'ammoniaque pour précipiter la chaux. On recherche la *magnésie* sur la liqueur claire par un peu de phosphate de soude (60).

Minerai de fer oxydé.

Les corps qu'il importe le plus de rechercher sont : le manganèse, le phosphore et le soufre.

1° La recherche du *manganèse* se fait par la fusion avec la potasse et le nitre.

2° Pour l'*acide phosphorique*, on traite la matière par l'acide azotique concentré, et la liqueur est essayée par le nitromolybdate.

3° La présence du *soufre* est mise en évidence par les baguettes de charbon sodé.

Sulfure complexe.

On attaque par l'eau régale très peu azotique.

1° Avec le résidu insoluble il peut rester de l'oxyde d'antimoine, de l'argent à l'état de chlorure et un peu de sulfate de plomb. On reconnaît le *chlorure d'argent* en reprenant par l'ammoniaque, filtrant et additionnant la liqueur claire d'acide azotique jusqu'à réaction acide ; le chlorure d'argent dissous précipite de nouveau.

2° La liqueur étendue et filtrée est traitée par l'hydrogène sulfuré. On précipite ainsi :

Cuivre,	Antimoine,
Plomb,	Arsenic,
Bismuth,	

et la liqueur filtrée ne contient plus que :

Zinc,	Nickel,
Fer,	Cobalt.

z. Le précipité est traité par le sufhydrate d'ammoniaque qui dissout l'arsenic et l'antimoine et laisse insolubles le cuivre, le plomb et le bismuth.

La dissolution sulfhydratée est saturée par l'acide acétique et portée à l'ébullition. Les sulfures d'arsenic et d'antimoine sont de nouveau précipités et on les dissout par de l'acide chlorhydrique contenant quelques gouttes d'acide azotique. La liqueur étendue est divisée en deux parties : sur l'une, on recherche l'*antimoine* en précipitant par le zinc dans un creuset de platine ; l'autre est évaporée à sec, et le résidu repris par l'acide sulfurique est introduit dans l'appareil de Marsh. On reconnaît ensuite l'*arsenic* dans les taches par l'acide azotique et le nitrate d'argent.

Le résidu formé par les sulfures de cuivre, de

plomb et de bismuth est dissous par l'eau régale, et la liqueur étendue est divisée en trois parties : la première sert pour la recherche du *cuivre* par la coloration bleue de la liqueur ammoniacale ; dans la seconde, l'addition d'acétate de soude et de chromate de potasse précipite le *plomb* à l'état de chromate jaune ; enfin l'action de la troisième sur la dissolution de protochlorure d'étain dans la potasse indique l'absence ou la présence du *bismuth*.

β. On recherche le *fer* par le sulfocyanure dans la liqueur filtrée ; puis ce qui reste de cette liqueur est additionné successivement d'acide acétique et d'acétate de soude. Le *zinc* donne aussitôt un précipité blanc de sulfure. On filtre et l'on ajoute à la liqueur claire de l'ammoniaque en excès et de la solution d'hydrogène sulfuré en quantité suffisante pour saturer l'alcali. On précipite ainsi le fer et le cobalt, tandis qu'une partie du nickel reste dans la dissolution. On filtre et la présence du *nickel* est accusée par la coloration brun loutre de la liqueur. Quant au *cobalt*, on le recherche sur le précipité par la coloration de la perle de borax.

Bronze.

Nous supposons un bronze contenant seulement cuivre, étain, zinc et plomb.

On traite par l'acide azotique concentré ; la majeure partie de l'*étain* reste à l'état d'acide stannique blanc insoluble dans l'eau et l'acide azotique. On étend d'eau, on filtre, et l'on recherche le *plomb* sur une partie de la liqueur par l'addition d'acétate de soude et de chromate de potasse. L'autre partie de la liqueur est évaporée à sec et reprise par de l'eau chlorhydrique; on fait passer un courant d'hydrogène sulfuré qui précipite le plomb et le cuivre. Le *zinc* est immédiatement décelé dans la liqueur claire par l'acétate de soude qui précipite le sulfure de zinc blanc. Pour rechercher le *cuivre* sur le précipité obtenu par l'hydrogène sulfuré, on traite un peu de celui-ci par l'acide azotique, on évapore à sec et le résidu, humecté d'acide chlorhydrique, communique à la flamme du bec Bunsen la coloration bleue caractéristique.

Analyse d'un feldspath, d'un verre.

1° On recherche d'abord les alcalis par la coloration communiquée à la flamme du bec Bunsen. On a soin de bien porphyriser la substance et de la mélanger à du sulfate de chaux. La *soude* est caractérisée par la flamme jaune; la *potasse*, par la flamme bleu violacé qui parait rouge à travers le verre bleu de colbalt.

2° On désagrège la substance par fusion avec 3 parties de carbonate de soude; on reprend par l'acide chlorhydrique étendu et l'on filtre pour séparer la matière inattaquée. On évapore à sec sans dépasser 180°, et la reprise par l'acide chlorydrique étendu laisse insoluble la *silice*.

On recherche alors dans la liqueur le fer, l'alumine, la baryte, la chaux, la magnésie, et s'il s'agit d'un verre, le plomb et le cuivre.

À cet effet, on peut utiliser la méthode dichotomique en précipitant successivement par l'hydrogène sulfuré, par l'ammoniaque et le sulfhydrate, par le carbonate d'ammoniaque et enfin par le phosphate de soude.

α. Dans le premier précipité, on recherche le *plomb* et le *cuivre*. On traite par l'acide azotique et l'on évapore à sec avec un peu d'acide sulfurique. On reprend par l'eau qui laisse insoluble le sulfate de plomb, tandis que la liqueur additionnée d'ammoniaque en excès se colore en bleu s'il y a du cuivre.

β. Le précipité obtenu par l'ammoniaque et le sulfhydrate est dissous par l'acide azotique, et l'on recherche seulement dans la liqueur le *fer* et l'*alumine* (61 et 66).

γ. Le carbonate d'ammoniaque précipite la chaux et la baryte à l'état de carbonates. On traite le précipité par l'acide sulfurique et l'on étend d'eau. La matière insoluble portée dans la flamme du bec Bunsen indique la présence de la *baryte* par une flamme verte; la liqueur filtrée, additionnée d'ammoniaque et d'oxalate d'ammoniaque, donne un précipité blanc si le corps soumis à l'analyse contient de la *chaux*.

2. Si l'addition de phosphate de soude détermine un précipité, on est certain de la présence de la *magnésie*.

3° On fait un essai spécial pour la recherche du chrome, du manganèse et du cobalt.

On fond un peu de la substance avec la potasse et le nitre, et après reprise par l'eau, on recherche le *manganèse* et le *chrome* sur la liqueur (62 et 64); la perle de borax faite avec le résidu insoluble indique la présence ou l'absence du *cobalt* (68).

FIN.

TABLE ALPHABÉTIQUE
DES RECHERCHES SPÉCIALES.

TABLE DES MATIÈRES.

Paris. — Imp. Gauthier-Villars, 55, quai des Grands-Augustins.

9 782329 773469